快速拥有超级记忆力，改变自己，改变人生。

人脑潜在的记忆能力是惊人的和超乎想象的，经过后天的培养和锻炼，记忆力可以得到大幅提高。只要掌握了科学的记忆规律和方法，每个人都能拥有超级记忆力。

怎样拥有超级记忆力

厉希开 编著

光明日报出版社

图书在版编目（CIP）数据

怎样拥有超级记忆力 / 厉希开编著 . -- 北京：光明日报出版社，2011.6
（2025.1 重印）
　ISBN 978-7-5112-1134-7

　Ⅰ . ①怎… Ⅱ . ①厉… Ⅲ . ①记忆术—训练 Ⅳ . ① B842.3

中国国家版本馆 CIP 数据核字 (2011) 第 066908 号

怎样拥有超级记忆力
ZENYANG YONGYOU CHAOJI JIYILI

编　　著：厉希开	
责任编辑：温　梦	责任校对：米　菲
封面设计：玥婷设计	封面印制：曹　诤

出版发行：光明日报出版社
地　　址：北京市西城区永安路 106 号，100050
电　　话：010-63169890（咨询），010-63131930（邮购）
传　　真：010-63131930
网　　址：http://book.gmw.cn
E – mail：gmrbcbs@gmw.cn
法律顾问：北京市兰台律师事务所龚柳方律师

印　　刷：三河市嵩川印刷有限公司
装　　订：三河市嵩川印刷有限公司
本书如有破损、缺页、装订错误，请与本社联系调换，电话：010-63131930

开　　本：170mm×240mm	
字　　数：205 千字	印　　张：15
版　　次：2011 年 6 月第 1 版	印　　次：2025 年 1 月第 4 次印刷
书　　号：ISBN 978-7-5112-1134-7	

定　　价：49.80 元

版权所有　翻印必究

前言

著名哲学家培根曾经说过：一切知识的获得都是记忆，记忆是一切智力活动的基础。在历史上，许多杰出人物都拥有超级记忆力：亚里士多德几乎能把看过的书复述出来；马克思能把歌德、但丁、莎士比亚等大师的作品整段整段地背诵；莫扎特能够只听一次就将极为复杂的变调音乐全部默记在心；拿破仑在制宪会议上能够随口引证15年前看过的罗马法典，他把法国海岸的大炮种类和位置记得清清楚楚，甚至还记得邮递路线和距离……记忆不仅是获得知识的重要手段和巩固知识的重要途径，还是思维和想象的基础，准确而敏锐的记忆力是成功的前提。如果你是学生，好的记忆将帮助你快速掌握知识，在考试时发挥出色，成绩优异；如果你是上班族，好的记忆将使你在繁忙的工作中有条不紊，合理安排，在众多竞争者中脱颖而出；如果你是管理者，好的记忆将令你思路清晰，做出正确的判断和决策。

工欲善其事，必先利其器。除去先天的因素，记忆力也是可以经过训练得到提高的。每个人的记忆本来相差不多，只是有的人经过后天的培养和锻炼，记忆力得以开发和提高。研究表明，人脑潜在的记忆能力是惊人的，它也遵循"用进废退"的规律，只要掌握了科学的记忆规律和方法，每个人都能拥有超级记忆力。本书详尽系统地讲述了记忆的工作原理、影响记忆的因素、记忆力的评估、提高记忆力的方法和技巧、科学正确的生活方式和习惯等重要内容，从理论知识到实践方法，从原理分析到测试练习，由浅入深、循序渐进地引领读者了解记忆、提高记忆。本书包含记忆研究领域里的最新发现、提高记忆力的思维游戏以及完善的、全新的和容易理解掌握的记忆理念和记忆方法，使你成为学习中、工作中、生活中的佼佼者。

好的记忆方法不但能够改变你的现状，更会由此而改变你的一生。通过阅读本书，你将发现自己：在思考时，思路清晰、反应迅速、举一反三；在学习时，过目成诵、事半功倍、效果显著；在工作时，有条不紊、头脑敏锐、游刃有余；在生活中，考虑周全、游刃有余、得心应手；在交流时，引经据典、博闻强记、魅力非凡。

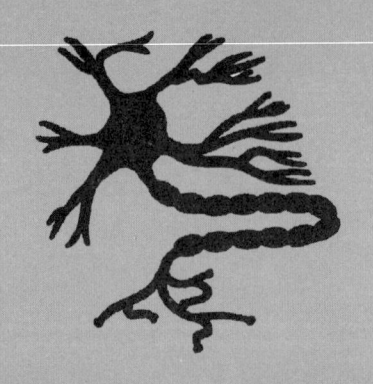

目 录 CONTENTS

第1章　了解你的记忆 1
　　记忆是什么 2
　　记忆是个性化的 4
　　记忆是复杂的 5
　　记忆的要素 7
　　记忆库 14
　　我们是如何了解记忆的 16

第2章　记忆是如何运作的 19
　　编译 20
　　专注 21
　　联想 22
　　回想 24
　　记忆工作原理 25

第3章　我们为什么会忘记 29
　　"舌尖"现象 30
　　遗忘是正常的 31

1

拒绝进入 33
拒绝访问 35

第4章 找到影响记忆的因素 39
你并不是电脑 40
注意力问题 41
年龄和记忆 44
身体与健康因素 47
药物影响记忆 50
饮食如何影响你的记忆力 53
你的情绪有问题吗 54
男人和女人 59
影响记忆的其他因素 61

第5章 评估你的记忆能力 67
你对待生活的大体方法 68
评估你的短时记忆 71
评估你的长时记忆 76
评估你的预期记忆 80
诠释你的强项和弱点 82
找到适合你的记忆方法 83

第6章 提高你的内部主观记忆 87
- 主动编码和存储策略 88
- 注意力集中的威力 91
- 学习时的联系策略 97
- 脑海中的演练 99

第7章 提高你的外部客观记忆 101
- 再现策略 102
- 时间管理 103
- 区分任务的优先次序 109
- 提高自己的组织能力 110
- 使用外部客观帮助工具 112
- 控制自己所处的环境 114
- 快捷参考指南 116
- 日常记忆问题 119
- 激发你的永久记忆 125

第8章 高效记忆技巧 127
- 联想记忆法 128
- 图像记忆法 129
- 细节观察法 131
- 外部暗示法 135

感官记忆法 138
虚构故事法 140
复述记忆法 141
习惯记忆法 142
搜索回忆法 144

第9章 有益记忆的生活方式 147

锻炼大脑和身体 148
睡一晚好觉 150
改善你的饮食 153
减少酒精摄入量 158
压力的处理 161

第10章 提高记忆力的思维游戏 165

初级 166
中级 185
高级 210
答案 219

术语表 228

第 1 章

了解你的记忆

记忆是什么

　　王太太是一家玩具商店的店员，也是一位精力充沛女士，她有一个安排得满满当当的时间表。她的工作做得很好，也从不错过一场儿子的足球比赛。最近，她非常吃惊，当她在一场足球比赛上偶然遇到一个熟人时，她竟然叫不上对方的名字。一周之后，王太太走出购物中心时，她竟不记得将自己的车停在了哪里。在此之后的一个月，她发现她已经想不起来她正在读的一本小说中的人物角色。后来，她完全忘记了和一位好朋友约好共进午餐的事。这种恼人的健忘让王太太忧心不已。

　　李先生是一位工程师，他退休后就把自己的时间全部用于志愿工作。最近，他记不得上个月他是否给他的汽车换了油，或者刚想起来要去换油。他忘记了拐到游憩中心的事，直到走过几条街后才想起来。他曾把房门钥匙藏在车库，但又想不起来放在了哪里。李先生找他的医生检查，看看他的健忘是不是因为得了什么病。

　　你或你的朋友也许会有与王太太和李先生相似的经历，你也许已注意到了你自己的记忆问题。各种年龄段的人都抱怨记不住东西。

　　这是我们经常听到的一些抱怨（应该承认我们自己也经常说这些话）。

・我进了一个房间，却不知道要来干什么。

・我想不起来要问医生什么。

・我忘记了我是不是已经吃过药。

・我曾经把我的项链收好了，却不记得放在哪里。

・我必须要交纳一笔过时附加费，因为我没有按时交电费。

・我忘记在旅行时带上我的照相机。

・我去商店买牛奶，结果什么都买了，最后就是忘了买牛奶。

・我忘了我姐姐（妹妹）的生日。

如果你曾经有过任何一次这种经历，都应该尝试采取有效措施或训练来提高或改善自己的记忆力。首先，就需要了解一下记忆力是什么，以及记忆力是如何工作的。

记忆是我们大脑中一个存东西的地方，它为我们提供历史信息。它告诉我们昨天以及十年前我们干了什么，它也知道我们明天会干什么。童年的记忆可能会因为听到一首摇篮曲而被唤起，而一段浪漫的回忆在我们闻到某种特殊的花香时浮现在脑海。记忆用各种各样的线索让我们感觉到我们是谁。

事实上，从一个时刻到另一个时刻，你对所有东西都有一个不变的定义，且可以持续很长时间。就好像你会记得昨晚睡在你身边的那个人就是你早上醒来看到的这个人。有了这样的记忆，我们才被称之为人类。没有了记忆，世界便不可能存在。

这一点并不只相对于个人而言，而是整个人类社会都是如此。我们能够记住一个人、地方、东西，或者事件。设想如果我们失去了这一能力，那么世界将会变成什么样！

随着年龄的增长，我们积累越来越多的记忆。我们称之为阅历，它非常珍贵。有了它，我们可以不必绞尽脑汁去想如何解决问题或者揣测接下去将会发生什么。

经验会告诉我们，我们已经碰到过很多次这样的问题，并且知道事态将如何发展。当我们还小的时候，我们常常认为大人们有魔法能够预知电视情节。我们不知道，他们已经看过许多相似的电视节目。这些节目情节并不能迷惑他们。

由于积累了很多经验，年长的人总不如年轻人的思维来得敏锐、快速。年长的人思考得很慢，但是通常他们并不用深入地去思考问题，因为经验就已经告诉他们有可能的答案。年轻人碰到问题时能够学得更多，他们会归类没有遇到过的问题。因此，小孩子在掌握新技术方面总是胜过大人。

记忆就像你的一个小帮手，它会帮助你找到车钥匙。但是，仔细想想，它的作用远远大于这些。

记忆是个性化的

梦想、思想、行动、姓名、地点、面孔、香味、事实、感情、味道以及许许多多的东西通过记忆带入我们的意识。它们对于我们的记忆来说有着不同的形态。有时，记忆不是这种形态就是那种形态；而有时它们是一个香味、花纹和声音组成的万花筒。一句话，记忆就如同一张由声音、香味、味道、触觉和视觉组成的网。

当你想要进行信息回忆时，记忆会通过联系走捷径来帮助完成记忆任务。然而，许多研究显示，正是你个人的知识、经历，以及一些事情对你的意义在驱动你的记忆。正是在它的帮助下，记忆有了一定的意义。

"生存还是毁灭，这是一个问题。"大多数人知道这引自莎士比亚的《哈姆雷特》。如果你熟悉这个故事，就知道这些话是在一个特定的时刻说的。然而，这些话与你的孩子们第一次说的话或者你的配偶第一次表示他或她爱你相比，就不是那么重要了。你可以想象出一个比莎士比亚作品更戏剧化的场景，因为它是你的。那个地点、那种香水、你的那种感受——当你记起它时，可能产生一种朦胧感而且心潮汹涌。

记忆是我们拥有的最个性化的东西。它给予我们自我感觉。在记忆深处，就是你自己。记忆的运作很大程度上遵循的原则是："它现在或是将来某个时刻是否会与我个人有关？"这种"更高"层次的记忆就是有时我们所称的有意识感觉。

一般情况下人类的记忆容量很难估量。但最近一项关于大脑的研究证明了专家们一直以来所断定的：我们大脑的容量远远超出自己的想象。

记忆是复杂的

　　记忆有三个主要的过程：编码（摄入记忆）；存储（保持记忆）；以及再现（再次提取记忆）。记忆是一个动态的和经常存在的活动，而我们关于如何解答记忆的十字交错谜语的理论和概念也仅仅只是处于正在开始形成的阶段。然而，这个不断发展的知识群体已经在对提高我们的记忆力产生帮助。

　　如果你经常说，"我再也记不住什么东西了"或"我的记忆力怎么变得这么差"，你也许会认为自己的记忆力越来越差了。然而事实证明，通过训练和练习，记忆力是可以得到提高的。

　　记忆在做某件我们熟悉的事情时可能也在做许多其他的事情。它在许多层面开展工作。

　　记忆过程是在大脑中发生的。不同种类的信息被接收并存储在不同的位置。

　　正在运行的记忆过程，或者叫作短时记忆过程，可能发生在大脑的前部。

　　存储新记忆（即新学的东西）的过程发生在大脑两侧的颞叶。

　　大脑较大的外层部分叫作大脑皮层，它可能是记忆存储的地方。

　　视觉信息通过我们的眼睛进入叫作枕叶的大脑后面某部分，并在此进行加工。

　　听觉信息通过我们的耳朵进入，并在颞叶进行加工。

　　立体三维的信息是在大脑顶部的顶叶进行加工的。

　　还有一些特殊的区域进行着感情记忆加工，以及掌管语言和爱好习惯。

　　大脑的左半球更多从事的是言语记忆，而右半球更多从事的是视觉记忆。

　　记忆并不像电脑程序一样死板地记录过去。记忆有极端巧合性。一些没必要记住的事，我们往往能记住它，然而一些值得记忆的事，却常常从我们的记忆中溜走。电影《公民凯恩》中有这样一个引人深思的情节：男主角凯恩在弥留之际说了几个字"玫瑰花蕾"，他本可以讲述其他更多更

大脑皮层

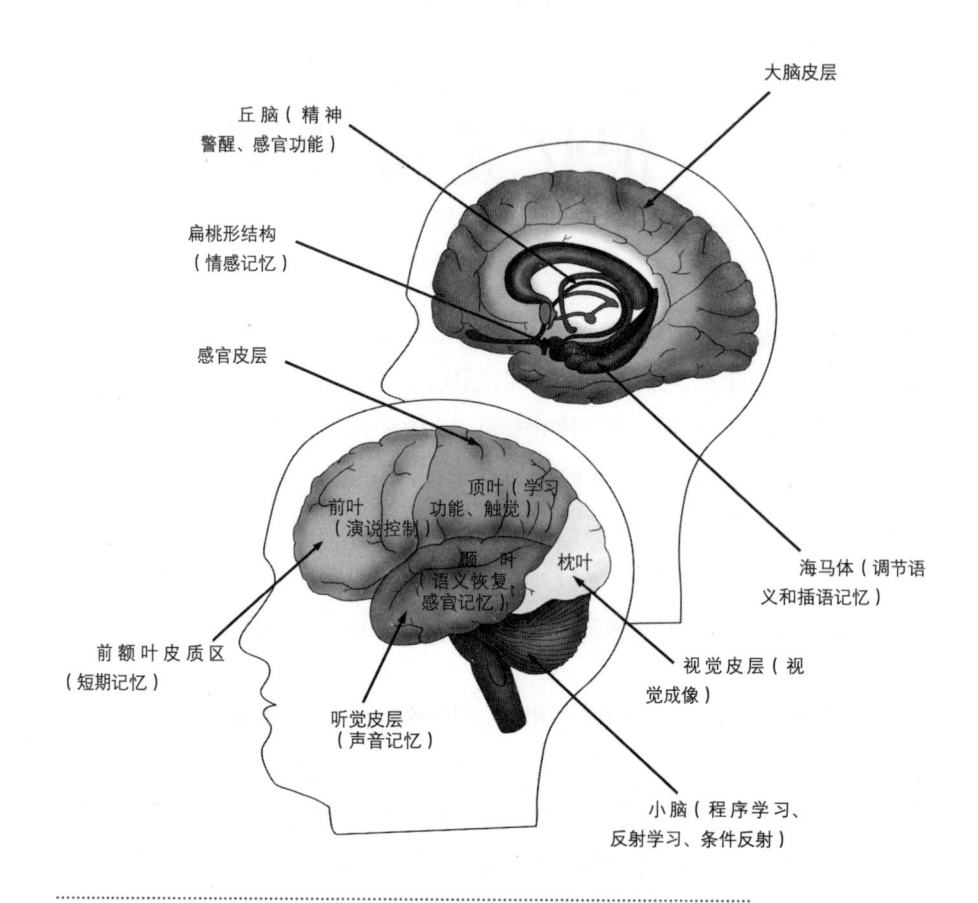

丘脑(精神警醒、感官功能)

扁桃形结构(情感记忆)

感官皮层

顶叶(学习功能、触觉)

前叶(演说控制)

颞叶(语义恢复感官记忆)

枕叶

海马体(调节语义和插语记忆)

前额叶皮质区(短期记忆)

听觉皮层(声音记忆)

视觉皮层(视觉成像)

小脑(程序学习、反射学习、条件反射)

一段经历的点点滴滴储存在大脑的不同功能区域中。比如,一件事如何发生储存在视觉皮层;事件的声音储存在听觉皮层。记忆的这两个方面还互相联系。

重要的事情。这也正是影片的悬念之处。直到影片的最后,人们才发现那是凯恩幼年时玩的雪橇的名字。关于凯恩为什么在死前留下这几个字的讨论变得无休无止。

为什么我们说记忆是如此的珍贵,那是因为记忆不是机械呆板的。我们的思维运作能提高自己的记忆力。无意识中,我们的记忆力得到了提升。一些不愉快的事情会从我们的记忆中扫除。

记忆的力量远远超出这些。在必要的时候,记忆能调配出你此刻需要的一些信息,而这些信息可能由于长期的储存已被遗忘。如果你曾参加过一个极富创造力的项目，那么你会发现你的记忆能产生许多没有束缚、令人惊叹的宝贵意见或主意。

也许你并没意识到你的记忆中储存着如此多的信息。所以，记忆不是一个冷冰冰，死气沉沉的记忆工具，记忆就像一个如意库堆满了无数令人惊叹的知识宝藏。

我们不能随意地进入如意库，但是我们能够练习、训练自己的大脑，为如意库储存更多的知识宝藏。

记忆的要素

记忆的三个要素

在孩提时代，我们学到，有着四条腿和一条尾巴的东西叫猫。于是孩子在看到一个驴时就管它叫"猫"。有人就告诉这个孩子："不对，它有大大的耳朵而且是吃胡萝卜的，所以叫驴子。"他的家长对正确的反映进行强调并纠正错误的反映。然后孩子看见了一只兔子，吃胡萝卜的。孩子叫它是"驴子"，然后又被更正要叫"兔子，会跳的"，如此类推。因此，在他们成长的过程中不断地在给一些概念附加说明：会跳的、吃胡萝卜的小动物叫兔子，发出嘶叫的、吃胡萝卜的大动物叫驴子，而长着四条腿和尾巴的小生物叫猫。

虽然语言是以一个一个单词这样的外部学习方式开始的，但它很快就成为一个内在词汇库，有着我们无法解释的复杂条理。我们的许多知识是从通过熟知这样的外部学习开始的，如说话、骑自行车，等等。随着时间的推移，这种学习进入内部，并发现很难确切地说出我们是如何学会某些技能或养成某些习惯爱好的。这是因为，记忆一旦进入内部，它就变成自动的了。

记忆由许多部分组成，它们共同作用把对过去的感觉带给思维，从而处理现在的问题并为将来做计划。

人们通常对大脑工作原理的了解不如心脏或循环系统那么清楚，记忆专家们通常将记忆过程描述为由三个组成要素构成。

1. 感觉记忆，记忆过程的第一要素，是大脑对我们所看到的、听到的、摸到的、闻到的或尝到东西的短暂识别。我们经常被看到的物体或听到的声音包围着，并且大多数我们看到和听到的东西都会被立即忘掉，因为我们无须记录下它们。然而，当我们留意一种感觉印象时，这就进入了记忆的第二个要素，被称作"短时记忆"。

2. 短时记忆也叫工作记忆，可以等同于自觉思考：在任何给定的时间里都可以被大脑获取的少量材料。大多数专家认为，工作记忆最多可以获取六七条。这种材料将会在五到十秒钟后被忘记，除非继续重复它或存储为长期记忆。

获取的工作记忆信息通常会被忘记。例如，当你查寻到一个电话号码，合上电话簿，拨打这个号码，得到的却是占线信号时，你常常会发现你已经忘记了你刚刚拨打的这个号码。这个例子很好地反映了作为工作记忆的信息存在的时间是如何短暂。另外一个例子，你也许听过一个营养学家说过，一大汤匙的黄油含有十一克的脂肪，当时你对这么高的数字感到惊讶。然而，后来你就记不起来或甚至不知道这个确切的数字。

3. 长期记忆，就像计算机的内存条，是记忆系统最大的组成部分。它的存储空间实际上是无限的。一个很普遍的误解认为发生在很久以前的事才是长期记忆。实际上，长期记忆获取的信息可以是最近的几分钟前习得的，也可以是几十年这么长的时间以前获得的。这个存储空间包含的类型有：

· 你的名字
· 发生在一个小时前的事情
· 上一个母亲节你是在什么地方度过的
· 开车需要的信息
· 你一年级老师的形象
· 乘法表

因此，长期记忆是指所有不再有意识地去思考而是因其潜在回忆储存起来的信息。

短时记忆

了解短时记忆最简单的办法是把它当作存在于我们意识中的信息；它是对我们最近所经历的一些事情的记忆。短时记忆是一个工具，我们用它来记住电话号码，以便有足够长的时间去拨打电话，或者记住去一个不熟悉的地方该怎么走。

记忆过滤

我们通过感官将信息摄入大脑。我们的意识只允许我们需要的信息通过——其他的就被过滤掉了。可能现在你就坐在客厅里，关心的只是你在读的书。暂停一下，并感受一下实际在你身边发生的事情——也许你的伙伴翻报纸的声音、烧香肠的香味、隔壁孩子玩耍的声音，或者是你的电脑一直不断的"嗡嗡"的背景音。

现在让你的注意力重新回到书上来，渐渐地那些声音又会变得无关，于是也就不会让你分心，你的短时记忆又集中到了阅读上。这种过滤是记忆系统中至关重要的一部分，因为它让你的思维避免因为无关的信息而负载过度。

短时记忆的容量

短时记忆的容量是有限的，大约七个空间，或者叫"意元"。例如，你可能记得住七个人的姓名，可一旦有更多的姓名，你就会开始遗忘。要使某样东西保持在你的短时记忆中，你就必须对它进行加工（有时也称之为加工记忆）。例如，如果你查到了一个电话号码，你就必须将它自我复述，以便能记住足够长的时间来拨打。这项被称作再现。仅仅几分钟后，你意识中的这个电话号码就会被其他新进入的信息所代替。

对信息进行编码

信息以几种方式进行编码后进入我们的短时记忆。

形码：我们试着将人名生成图像或想象他或她戴着一顶帽子。这种形象在几分钟后会开始淡去，除非我们使之保持活跃。

声码：这是一项最普通的技巧，用于使信息在我们的短时记忆中保持活跃。它包含重复信息，如姓名或数字。

意码：在这里我们运用了某些有意义的联系，例如思考一个有着同样名字的熟人。

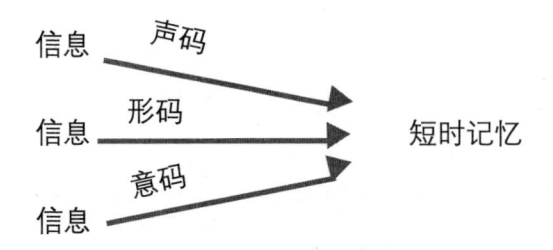

信息 —— 声码 ↘
信息 —— 形码 → 短时记忆
信息 —— 意码 ↗

注意力

短时记忆是短暂的而且容易被打断。所以，注意力是能否让有关事情保持在脑海中的一个重要因素。它可能只有在你被分心时出现，让你感到你在"有意识地"进行记忆。下面是两个普通的例子：

电话号码

你在地址簿里查了一个电话号码。可正当你要拨这个号码时，你听到有人从前门进来了。你可能需要重新查一下这个号码，这是因为你正在活跃的记忆已经被打断而暂时失去了注意力。

"我到这儿来干什么？"

你正在厨房里整理一些文件并想到要一个订书机。当你走向书房取订书机时，你开始思考那天晚上的晚饭你可以做什么。当你走进书房时，突然发现自己想不起来为什么去那里了。很简单，你只是又一次分心了。

潜意识记忆

有些信息可能在我们不知道的情况下通过了过滤而进入记忆。例如，在 20 世纪 60 年代，电视广告制作者们提出了潜意识广告这样一个聪明的理念。例如，某个产品的图片、某个特定品牌的衣物清洗剂，会在电视屏幕上非常短暂地"闪现"。它可能在任何时候出现，甚至出现在一部电影的播出中间。它出现的时间很短，以至于我们不可能有意识地注意到我们看到了什么，但是，我们的记忆已经下意识地储存了这幅图片。

当下一次我们走进超市时，就会对这个品牌的衣物清洗剂有似曾相识的感觉，就会将它同其他产品分辨开来，从而使商家达到了促销的目的。有关方面开始担心这项技术可能被用于（可能实际上正在被用于）对人洗脑，因此该项技术被认定为非法。

目击证人的证词

我们似乎"不断地重新创造"一些记忆故事，填补空白并歪曲自己的记忆以适合特殊的场景。不同种类的记忆存储会得出不同种类的信息提示。这在目击证人证词研究中得到体现。

不当的影响——如果问证人的问题是"那辆车加速驶过你身边时速度有多快"而不是"那辆车驶过你身边时速度有多快"，他估计的速度可能就更大。我们对速度的判断能力是出了名的差，而像"加速驶过"而不是"驶过"这样的提示词会引发记忆联想到一个更快的速度。

记忆扭曲——如果警察在车辆相互"猛烈碰撞"，而不是简单地"相撞"或"碰了一下"以后，要你描述一下一起交通事故的场景，即使根本没人受伤，你也更有可能回答说看见有人流血。

长时记忆

如果某个短时记忆重要到有必要保持得久一些，它就要被存储到长时记忆中。为了对长时记忆是如何工作的有个概念，想象一下某个记忆从前门进来，穿过走廊（短时记忆），然后来到一个房间被分类和存储。这个"记忆存储库"非常大，它有着许多相互连接的房间，以及几乎是无限的容量。

记忆的再现

　　记忆的存储虽然不如图书馆那么整齐，但也是有组织的。当我们想要再现信息时，就需要搜索它。有时我们发现马上就能找到，有时则需要较长的时间。

　　偶尔，你可能根本找不到你想找的。这部分是因为你学的越多，那么在你想要再现信息的竞争就更大。好比有一袋玻璃球，如果其中只有几个玻璃球，相互之间就很容易区分。袋子里的球越多，就越难将它们相互区分。

再现失败

　　有时我们会无法再现确定已知的信息。

　　"舌尖"现象——你确信自己知道问题的答案，可就是不能完完全全地将它说出来。

　　编码错误——有时我们对我们想要在以后再现的信息编码不够好。你认为自己已经理解了某件事情，可当你想要给别人解释这件事情时，却发现自己并没有想象中理解得那么好，也就是说还有距离。

预先记忆

　　你还需要知道有一种十分古怪的记忆，它是短时记忆和长时记忆合作的产物。这就是你对未来的记忆（对尚未发生的事情的看法），名字叫预先记忆。它包含你下周或是下个月打算干什么，以及你对未来的计划、希望和梦想。

记忆的其他类型

　　还有其他三种记忆模式，它们帮助我们成功地进行每天的日常生活。它们是剧本式记忆、计划性记忆和脑海中的地图。

计划性记忆

计划性记忆是对在合适的刺激下自动激发的行动的汇总。例如，如果开车时看见前面有红灯，你会自动地开始刹车。

剧本式记忆

与剧本式记忆有关的是发生在特定的一些社会场景中的事件。它们对得体的行为举止有着影响，并且是处理日常情况时所需的那一类综合性记忆。例如，当你走进一家餐馆时，你知道通常需要坐着等一会儿，然后有人会给你一本菜单让你点菜，然后服务员会将你点的菜端上来，而且按照一定的次序，最后是埋单。

细胞的记忆路径

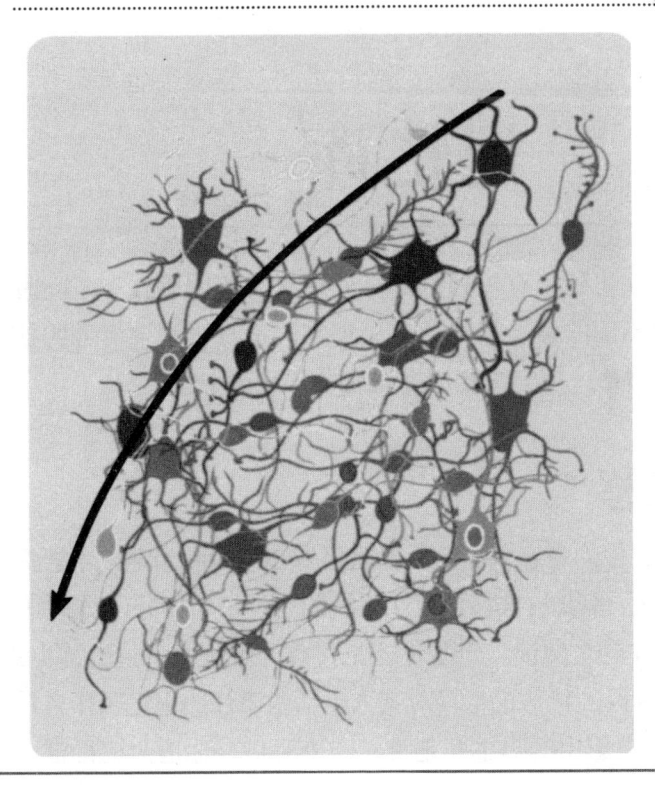

这个图代表了一个复杂的神经网。记忆一些事情需要神经细胞的特定网络的活动。深色的神经细胞是活动的，其他是静止的，除非被刺激。记忆的发生需要随机刺激的发生，或者需要利用记忆术或记忆策略。

脑海中的地图

我们关于周围环境的知识也会在脑海中被组合成地图。例如，当你搬到一个新的地方后，会感到有点陌生，对周围的道路也不了解。然而，当你在那儿住上几星期后，就会逐渐地越来越熟悉街道的分布、上哪里去买东西，以及如何去某个地方。你有效地在脑海中建立了一幅地图。

	计划性记忆	剧本式记忆	脑海中的地图
事件	前面红灯亮了	上饭店或咖啡馆吃午饭	搬到新地方
动作	自动地开始刹车	知道可以从服务员提供的菜单上点菜	逐渐熟悉自己周边的环境

记忆库

我们的大脑已经演化到了有单独的部分处理来自不同感官和不同时间段的信息，并能分辨不同的重要程度。某个朋友的生日、某个商务约谈的方法，以及某个购物清单，都会被存储在记忆的不同部分里。

时间的推移

随着时间的推移，你的有意识体验会着重停留在当时和当地。不管你刚刚的有意识体验是什么，都会被推移到记忆系统的另外一个部分，或被抛弃。你现在的短时记忆关注的是阅读。但是你还记得昨天晚上去看过一部电影，而这是你对某个生活片段的特殊记忆（对某人生活中事件的记忆叫作自传式记忆）。你可能还记得电影中的男主角是谁。一个月后，你还会记得自己看过这部电影，但可能记得的只是一个故事大概。一年以后，你可能会在租了一部电影录制光碟，并开始播放后，记起自己已经看过这部电影了。

当时：　"我昨天晚上看了奥尔森·威尔斯主演的《第三人》。"
六个月以后："我看过《第三人》，主演的是，啊，他叫什么来着？"
一年以后："我可能曾经看过《第三人》。"

身体记忆

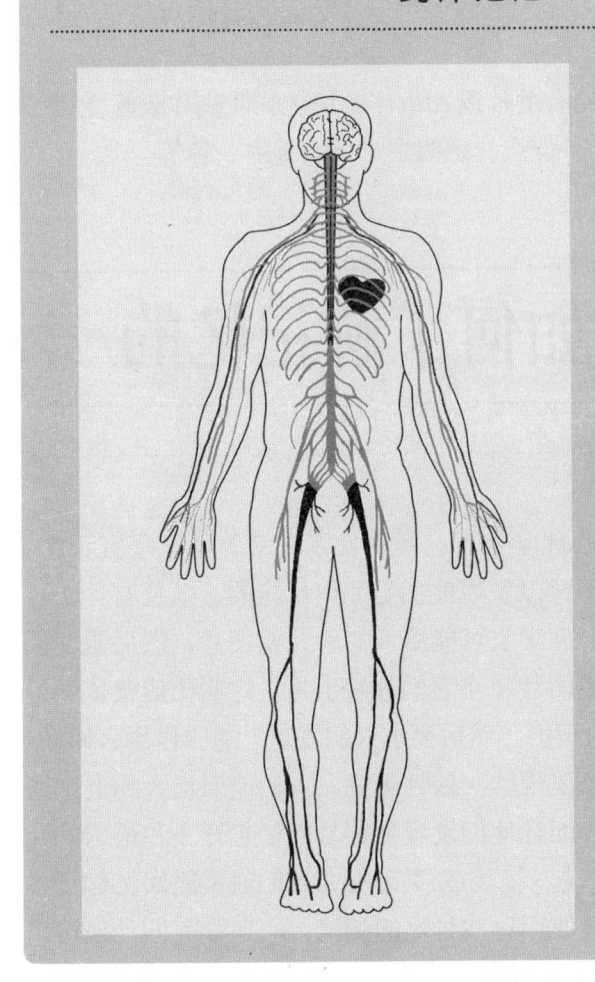

有证据证明记忆不光只储存在大脑里，很有可能会储存在全身各个地方。科学家相信，循环系统中缩氨酸分子通过血管到达全身。另外，记忆有可能会存在于身体组织中（细胞记忆），这能通过接受器官移植（特别是心脏移植）的那些病人拥有和捐献者相仿的性格特点证明。

记忆库的种类

外部记忆主要有两类存储库。

语义性记忆库

它存储的是综合的世界知识。它有点像大脑中一本不断增长的百科全书。任何种类与事实有关的知识本质上都是语义性的，包括事实（如法国的首都是巴黎）以及更多关于世界的基本知识（如知更鸟是鸟）。

经历性记忆库

它存储的是更加个性化的有关片段和事件的记忆：我们昨天晚上做了什么或者为18岁生日庆典做了什么、暑假去了什么地方，等等。

我们是如何了解记忆的

使用心理测试

科学家们，特别是神经心理学家，已经开发了许多方法来研究记忆。其中一个方法就是让人们做测试以发现他们是如何反应的，以及有什么可能干涉他们的表现。例如，心理学家可能给人们看几幅图片，然后看他们是否能从其从未看到过的其他图片中将它们分辨出来。这叫作形象认知记忆。或者，他们可能读出一组词汇，然后要求人们复述。这叫作语言回忆。

通过这些种类的测试已经发现，一般性来说，人们能回忆大约七个词（或其他像数字之类的信息），而且他们发现更容易回忆起开头和最末的几项。如果信息以某种方式组织起来，如分类，那么人们通常能回忆起更多东西和更长时间的东西。通过使用这些种类的测试，心理学家们已经拼出了他们所认为的记忆系统工作的模式。

大脑及记忆的紊乱失调

我们许多有关记忆的知识都是通过研究大脑紊乱失调的人而获得的。这也同时帮助临床医生们开发出了更好的诊断技术和大脑功能紊乱康复技术。

健忘症的研究也对科学有着很大的帮助。健忘症指的是大脑中对记忆系统的一部分——具有支持功能的一部分（或几个部分）——受到了损伤。健忘症患者们经常能用不同于他们以往的方式来描述他们对这个世界的体验。他们的大脑功能也可以用测量不同类型的记忆的目标测试来进行评估。

因此，通过这些类型的案例，以及其他记忆功能失调，科学家们已经建立起了不同类型的记忆加工的轮廓和对记忆有着重要作用的大脑区域的轮廓。

大脑成像（神经性放射医学）

大脑成像已经被证实是在对记忆的研究中的一个进步。它为我们提供了一幅真实的形象，指示记忆在大脑中所处的位置。

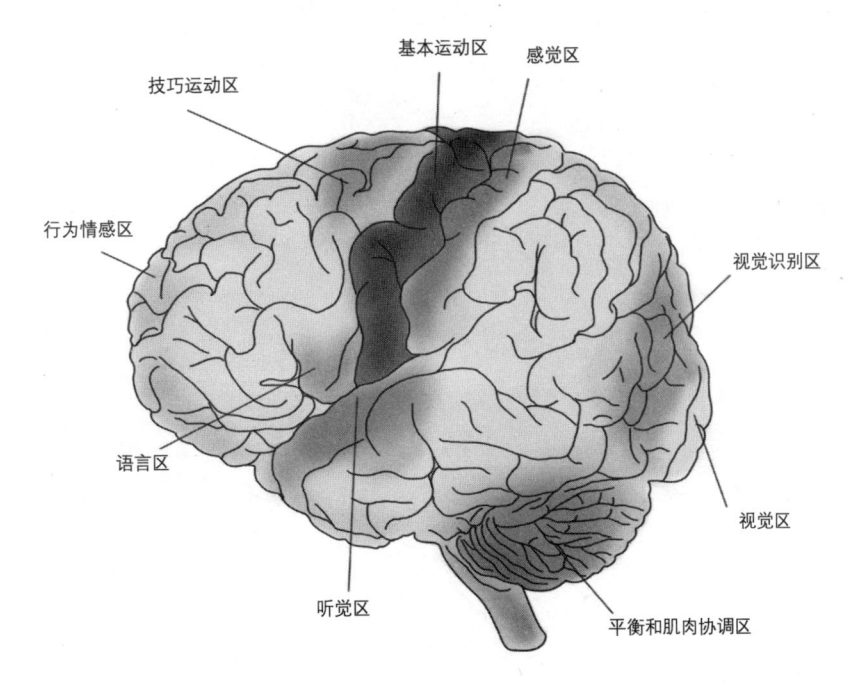

诸如电脑X射线断层摄影扫描（CAT或CT）之类的基础扫描方法通过发射X射线穿透大脑的细胞组织揭示大脑的结构一样，把受损伤的大脑的图像同记忆测试的结果结合起来，也能帮助我们对记忆发生的位置有更多的了解。

功能性磁力共振成像（功磁共像）可以被用来跟踪当一个人被要求去干如记住一串单词之类的事情时大脑中的变化。功磁共像是通过收集大脑活动的磁力"标记"来做到这些的，如氧摄入。这项技术能让我们真切地"看到"记忆在实际情况下的活动。

另外一种现行的"有用的"扫描叫作"正电子放射断层摄影扫描"（PET）。它揭示了在完成记忆任务时血液流动和大脑中化学物质的变化。它帮助科学家们获悉在记忆研究时大脑中的化学系统与身体结构是如何相互作用的。

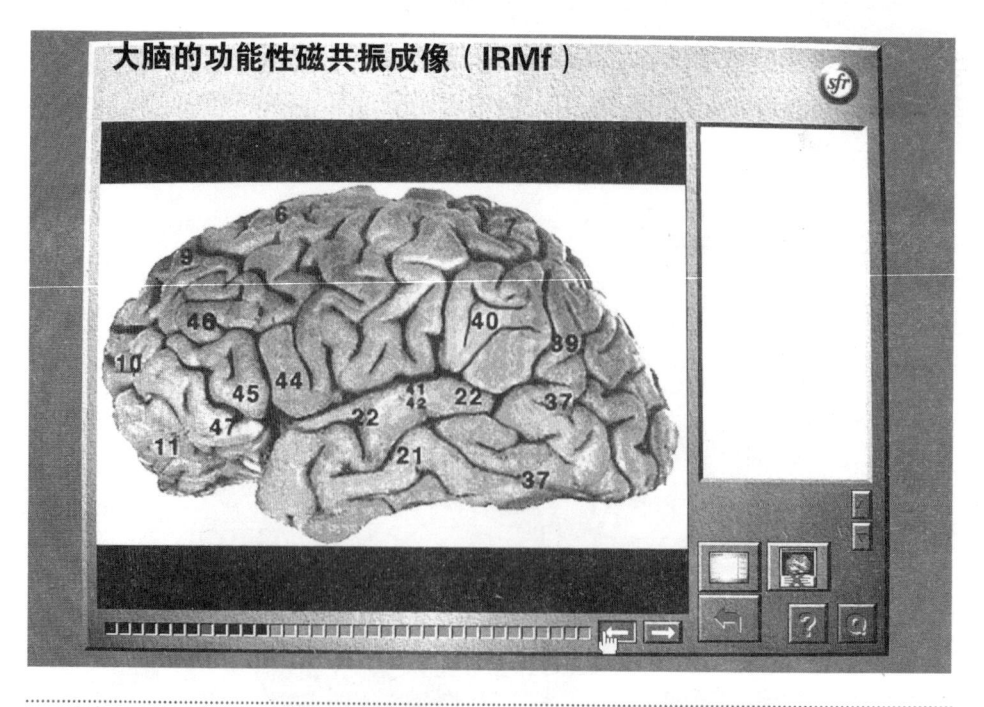

通过磁共振功能得到的图像革新了人们对大脑的理解。上面这幅图像展示出被测试者在默想构思词汇时，某些语言区域（区域44）的活化。

第 2 章

记忆是如何运作的

编译

术语"编译"描述的是将信息转变成长期记忆的过程。编译由许多智力任务构成，比如，注意某物、事，将它与已知的某物、事联系起来，分析这一信息的含义并在一些细节上进行详细描述。通常这些任务是被自动执行的，我们无须任何有意识的努力。这些任务给予这一信息更深刻的含义并增加了我们记住它的机会。也许了解编译的最简单的方法就是看看下面几个例子中编译是如何起作用的。

实例

杨太太非常喜欢观察别人。她喜欢坐在公园的长椅上观察周围的一切。每天，她都会看到公园中有许多人在遛狗。一天，一只小狗走过来舔着她的腿。她温柔地摸着它那柔软的皮毛，非常喜欢它生气勃勃的样子。她向主人询问这只小狗的名字及种类，并一直看着小狗走到了河畔的地方。几天后，当她给她的儿子读一则有关一只小狗的故事时，她想起了她在公园的那天，于是将那只小狗的事情告诉了他。她十分惊讶，她竟将那只小狗的名字和种类记得那么清楚。尽管她根本记不起来那天她看到的许多其他的狗，但由于她对那只小狗非常感兴趣，注意并详细说明了过程中的细节，因此有关那只小狗的信息已经被很好地编译了。

又有一天在公园，杨太太坐在一位和她年纪相仿非常友善的女士旁边。经过一席热情的交谈之后，她的这位新朋友介绍自己是米太太。杨太太心里想："我希望我能将她的名字记得和上次我遇到的那只小狗的名字一样准确。"然而，为了记住她的名字，杨太太就想了一些办法，想找到一个记住它的方法。当她发现米太太的皮肤非常好时，她就想："我可以想象她打开刚蒸好的米饭锅，热气腾腾的白米饭同米太太的肤色很相近。"在这个示例中，杨太太通过注意、分析及联想到已知的事物，有意地将这一信息编译。

编译的两项任务——专注和联想——格外受到强调。

专注

你应该记得你的母亲以前常常会对你说要"集中注意力"。她的做法非常正确！注意力集中，是将信息转变成长期记忆过程的第一步，也是工作记忆的任务之一。在任何时刻，都会有许多信息需要你的工作记忆给予关注。你可能就要有意识地将你的注意力放在你要记住的事物上。记住你工作记忆的材料数量是非常有限的。你要将注意力集中在重要的事物上。下面的例子也许可以提醒你什么时候应该集中你的注意力。

实例

一个朋友跟你说要你在中午12：00和她一起吃午餐，你将日期、时间和地点都记在了你的预约簿上。由于在商量时间的时候你没有特别留意，你错误地把时间记为12：30，因此你12：30去了那个餐厅。下一次要解决这个问题，就要把注意力集中在时间和地点这些细节问题上，并确保你将它们都正确地写下来。

你已经被告知了牙医新办公室的地址，按照这个地址，第一次你很容易就找到了。第二次去时，你认为你已经知道怎么走了。当你快走到那个区时，你发现你不知道牙医的办公室在哪座大厦里。发生这种事情的原因就是，你第一次到这个办公室去时对这座大厦的位置及外观没有给予足够的注意。以后，要注意一些能将一座大厦与其他大厦区分开的显著标志及特征。

在这两个例子里，你认为你都对这些信息的转化给予了足够的关注，但不够清楚。每个人都有过许多次这样的经历。我们只是对一条信息稍稍留意，然后当我们不能准确记住它时，才意识到这个问题。提高你记忆力的最简单的方法之一就是，意识到将你的注意力放在你真正想要记住的事物上的重要性。

既然通常会有许多信息需要你给予关注，你也许会发现你已将注意力放在了错误的事情上，并且忘记了什么才是你真正想要记住的东西。例如，你正在上提高记忆力的课，突然，你意识到你根本没注意老师讲课，而是在看一个女人身着的奇装异服。第二天，你仍然能记起紫色带亮片的运动衫和红色运动长裤，但对布置的家庭作业却没有任何印象。将注意力集中在你真正想要记住的事情上是提高记忆力的第一步。以后，当你忘记时，问问你自己是不是没有给予足够的专注。

联想

另外需要解释一下编译的另一个方面——联想。无论我们有没有意识到它，新信息通过将它与其他已成为长期记忆的熟知的及相关的信息联系在一起编译。这个过程叫作"联想"。要了解联想的概念，最简单的方法就是看看它在日常生活中是如何很轻易就发生的。

如果你与一个人初次见面，你对于他的记忆可能就会通过产生不同的联想进行编译。你也会记下他的长相，你遇到他的地点，他的住处，他的工作类型及你们共有的朋友。因此，联想可能会与这些不同的事物一同产生：卷发的人、你们相遇的那个电影院、其他住在他附近的人、医学方面的职业或将他介绍给你认识的那个女人。以后，想到这些方面的任何事情都会使你想起你刚刚认识的这个人。当你看到另外一个长着一头卷发的人或一个医生或当你去那个电影院时，这一经历可能就会作为一个提示，你或许就想起了你的这位新朋友。

假如你的朋友最近被挑选入曲棍球队。你对这种运动的规则或使用的

机智的数字联想法

下面有一组列表，其中有包括从 1 到 1000 中的 17 个数字的可能的联想。现在，该轮到你联想一下了。

我们的列表		你的列表
1	第一名	_____
5	下班时间	_____
7	一周	_____
9	猫的命有九条	_____
10	你的手指头数	_____
12	午餐时间	_____
14	情人节	_____
16	芳龄十六	_____
24	一天有 24 小时	_____
25	圣诞节	_____
26	马拉松比赛的公里数	_____
45	直角的一半	_____
50	金婚纪念日	_____
52	一年 52 周	_____
100	一个世纪	_____
360	一个圆圈	_____
365	一年的天数	_____

设备一无所知，但你却熟知足球运动。当你的朋友向你解释这种运动和设备时，你自然而然地就会将场地大小、计分规则、计时方式和防御设备与你所知的足球方面的知识联系起来。没有这些联想，有关曲棍球的信息将很难编译。下一次你在电视上看足球比赛时，你或许就会想到你与朋友的谈话，并想起来她将要进行一场曲棍球比赛。

许多有关新信息的联想是无意中产生的，但是你可以有意识地将你想要记住的事物与你已经知道的事物联系在一起。你越是有意识地产生这些联想，可用的互见参照就越多，你的记忆力就越强。

这里有两个例子，这两个人就是有意识地将他们想要记住的事物与非常了解的事物联系在一起的。

实例

唐爷爷的孙女非常喜欢看儿童电视节目《芝麻街》。他最近给她买了一本有关《芝麻街》中许多人物的书。唐爷爷希望无论孙女指着其中哪一个人物，想知道他（她）的名字时，他都能回答上来。但他发现要区分伯特和厄尼比较困难，这两个人物总是一起出现。为了寻找到将他们的名字与人物特征联系在一起的方法，他注意到，伯特的头比较大。他想，"伯特——'脖'特！因为伯特的头很大，所将导致他的脖子很特别。这样我就能记住了。"

刘太太对灰尘、动物、野草和草地都过敏，在她的医生办公室里，医生给她两种过敏药物试着吃。一种药物是早上服用，因为它会引起失眠；另外一种是晚上服用，因为它有镇静作用。当刘太太回到家，她就忘了医生说的服用方法。因为在药物袋上没有服用说明，刘太太不得不给医生的办公室打电话询问。她决定想办法弄清楚这两种药物。她注意到白天吃的药是蓝色的，她就将这个颜色与白天蔚蓝的天空联系在了一起。

回想

回想是将信息由长期记忆转变为工作记忆意识状态的过程。

绝大多数记忆方面的疾病主要是由于不能将信息按要求记住。然而，事实上，在我们巨大的记忆库中找到一条信息并将它记住的能力非常惊人，并且在大多数时候都能很容易地产生。

有两种方法可以让你取回长期记忆中的信息：认同和回忆。

认同是对信息的理解，它可以作为你已知的某事或某物出现。例如，当你听到她提到一个名字时，你知道这就是你朋友儿子的名字，但你自己却记不起来。

　　回忆是一种自发搜索你想要的长期记忆信息的行为。例如，你想在会议上谈论你们的客户，你就需要在你的记忆库中搜索他的名字。

　　在大多数情况下，认同比回忆容易得多。当你说"我记不起来"时，通常你的意思就是："我想不起来。"如果在会议上你想不起来你们客户代表的名字，但当你听到这个名字时，你也许会很容易认出它。想起一档特别的电视节目的名字也许很难，但当你在你们当地报纸的电视节目单中看到它时，你会很容易识别它。

　　由于你需要在成千上万条长期信息中找到一条信息，因此，对信息的回忆是有难度的。

　　有时候，一个提示可以使你想起某条信息。提示是一个事件、想法、画面、词语、声音或其他可以引发获取长期记忆信息的事物。例如，当有人提示你一部经典电影的名字时，你可能就会想起电影中的演员。这个具有引发作用的信息，即电影的名字，就是一个提示。

　　人们常说："我记不住一些人的名字，但我永远忘不掉一张脸。"

　　我们很容易就能记住一些人的脸，这是因为它们可以通过认同来呈现它们自己。记住了许多人的名字，就涉及了长期记忆中信息的回忆，因为脸只是一个提示。

　　当我们正在搜寻一个名字或另一条信息时，我们会想到一些相关的事情，这些事情就可能作为提示并且常常会引发出那些想要得到的信息。例如，如果你想不起来你在暑期班中学习的课程，你可以回想一下上课的地点，和你一起上这个班的人，及你过去学习的其他课程。

记忆工作原理

　　信息可以是用耳朵听到、眼睛看到、手脚触摸到、鼻子闻到，或者心灵感受到的。大脑中有些部分是专门从事加工这些不同种类的信息的，而其他部分所从事的就是将它们联系起来——最终目的是将信息综合起来。例如，飘进你鼻子后进入嗅觉中心的化学混合物经过你的记忆系统确认后，就成了玫瑰花的香味，然后再与其他联想串联起来，如过去某个时候你在你婶婶的花园里采玫瑰花。

　　一种暗示可以激发各种各样其他的记忆。有些研究显示，不同的暗示经过运作可以使记忆更加生动，这取决于人们的年龄。例如，在对自传式记忆的研究中，如果给年轻人一个词语或香味以暗示一段回忆，它们所引起的记忆的生动程度基本是相同的。然而，如果给年龄较大的人不同的暗示，香味暗示可能会激发更加生动的记忆。如果你想要控制联系，就需要熟悉这些联想。确实，你可以利用它们帮助你进行回忆。

　　记忆工作原理图示：

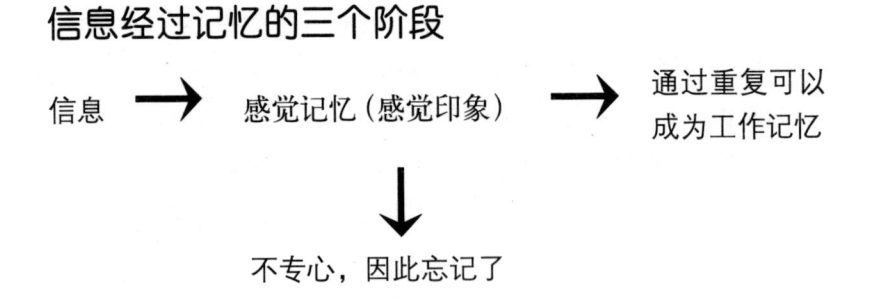

信息经过记忆的三个阶段

信息 → 感觉记忆（感觉印象） → 通过重复可以成为工作记忆

↓

不专心，因此忘记了

这里有两个记忆过程在日常生活中如何工作的例子。

实例

　　你在当地的一家杂货店每周购物一次。货架上的许多商品给你留下感觉印象。你看到各种包装的颜色，闻到焙烤食品的香味并听到周围的许多声音。然而，这些感觉印象也许被记录为意识思考，或许被没有记录为意识思考。

　　你在一家农产品商店停下来，想看看今年这个时候的时令水果。你看到一种木瓜，这种水果你从来没吃过，并且注意到它的价钱非常昂贵。如果继续向前走，你可能就记不起来任何有关这种木瓜的事情。这种木瓜的印象已经成为工作记忆或有意识的思考，但没有必要存储为长期记忆。

然而，如果你对这种木瓜非常关注，注意到了它的形状、颜色和表皮，闻到了它的香气，感觉到它的成熟度，甚至想到它吃起来的口味或你可以怎么吃，这种水果的形象和信息将可能被转变成长期记忆。这些信息将会在以后被记起来，例如，当你看到一个包含木瓜作为原料的食谱。

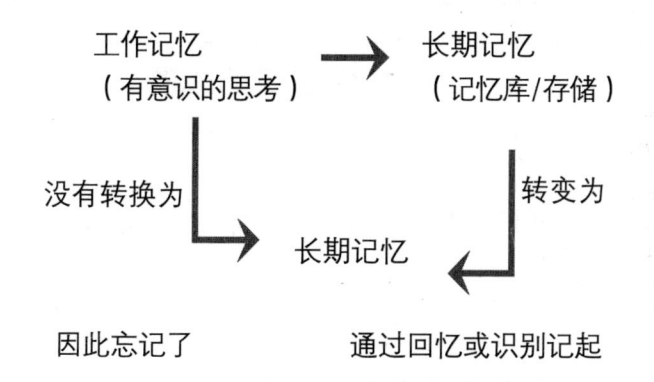

```
工作记忆              →    长期记忆
（有意识的思考）            （记忆库/存储）

   ↓ 没有转换为              ↑ 转变为
   
        长期记忆

   因此忘记了          通过回忆或识别记起
```

假如你正要在一些信封上写姓名地址。你有一列姓名，但没有地址。你的任务是在电话簿上查找这些姓名并将其地址填写在信封上。当你使用这本电话簿时，你触摸到这本电话簿，闻到淡淡的墨香，看到书页上许多姓名，并听到翻书页的声音，但这些感觉印象可能记录在意识思考中，或许没有记录在意识思考中。

你在电话簿中找到了欧阳德兰的名字，并将她的地址抄写在一个信封上：北京市昌平区二拔子新村9306号。

这一信息已经成为工作记忆。你要在信封上写上姓名地址就必须将它记住几秒钟时间。如果你对这条街不熟悉，你就不可能将这一信息存储为长期记忆。过一段时间，你可能就记不起来这条街道的名字。

然而如果你注意到，二拔子新村在你姐姐家附近并想到你姐姐或许认识欧阳德兰小姐，你就很可能将这一信息转化为长期记忆，并且当你沿着二拔子新村坐车去你姐姐家时，就会想到欧阳德兰小姐。

尽管我们介绍了记忆的几个要素，新信息好像总是从感觉记忆成为工作记忆再形成长期记忆，没有记录为意识思考的信息可能存储为长期记忆。在特定的情况下，你可能记住了一些事情，却没有意识到它们已经成了你的意识。比如，你或许没有意识到所有和你一起坐在医生的候诊室里的人们，但当一个人进来问你是否看到一个坐着轮椅的女人时，你就会回忆起护士曾带着一个坐在轮椅上的女人进入了一间检查室。

既然你知道了记忆时的工作过程，对于为什么你可能记住或忘记某些事情，你就有一个认识框架。

记忆是如何形成的

我们思考、感觉、改变、体验生活。

所有的经历要在大脑中登记。

大脑的结构和过程分析信息的价值、意义和有用程度并将它们排序。

许多神经细胞被激活。

神经细胞通过生物电流和化学反应将信息传递给另外的神经细胞。

这些联系会通过重复、休息和情感得到加强，持续的记忆就形成了。

第 3 章

我们为什么会忘记

"舌尖"现象

我们通常会有这样恼人的经历，那就是对于知道的事偏偏记不起来。我们对这种现象似乎已经习以为常。其实这种现象叫作"舌尖"现象，从 20 世纪 60 年代中期开始，认知心理学家们就对这种头脑堵塞或记忆暂时缺失进行了研究。现在已经可以全面揭示这种现象，主流理论认为当缺少必要的能使人回想的暗示时，一个词会堵在脑中出不来。这就可以解释为什么通常想不起来的词会在几分钟后浮出水面，也可以解释为什么在这种堵塞没有清除的情况下寻到一个新思路，或找到与之相关的东西会使问题迎刃而解。

对于这些遗忘的情形，压力往往是罪魁祸首。我们大多数人都有过这样痛苦的经历，明明知道试题的答案，但由于时间紧又必须赶紧往下做，尽管记忆没有恢复，但一个与那个词密切相关的或发音相似的词已经在你脑中形成，而且在某种程度上阻碍着你找到那个确切的词。在这种情况下，一般来说最好想点别的，过一会儿再说。在脑中重组事件顺序、具体情形以及相关概念或按字母表顺序查找可能的联系，这些都可以帮你找到丢失的线索。

另外一种对于"舌尖"现象的解释是记忆构成出了问题。想想看，要回忆起一本索引缺失或者目录不完全的书中内容是多么困难。我们的记忆很有可能以一种相似的模式在运转。我们非常清楚我们知道哪些东西，但就是有时想不起来。例如，当我们被问到瑞士的邻国都有哪些时，如果我们只是用脑子想，很有可能会想不全或者出现错误；但是假如给出一些选项让我们从中做出选择的话，我们就会立刻给出正确的答案。所以，我们大脑中的记忆是处在混乱状态的，除非我们很好地理顺这些记忆，做出一些标记，这样我们才能够准确回忆出自己想知道的事。但当我们在一些特定的环境或者在面对一些选择的时候，我们就会给出正确的答案。

在记忆英语单词的时候，我们应该依靠发音、拼写和词义来记忆词汇。想要记起时就可以通过声音、图像以及具体含义来解决这个问题，这样还能有效地降低"话在嘴边说不出"现象的发生频率。例如，最近非常无奈，老是想不起compound（复合物）这个词，于是就在脑海中想象一个疯狂的科学家在做实验，他把两种物质混合到一起，而且想象composition这个词的发音来帮助我记忆，自从这么做之后，就再也没忘了compound这个词。

遗忘是正常的

许许多多的因素影响着记忆的作用，而为了提高你的记忆表现，你必须重视那些与你最有关联的因素以及为什么有时我们必须忘记一些事情。遗忘的定义是没有能力回忆、辨认，或者再生产以前学过的东西——换句话说，当友人问你像"上星期一你做了什么？"这类事时，你脑子里一片空白。

没有人能够记住所有的事情。记忆过程的一个必要部分是决定什么信息对你来说是有价值的并值得你花费力气将其编译。当一位偶尔教你们体操课的女老师仅仅是一个不经常打交道的人时，花费精力将她的名字编译真的有必要吗？

当人们不得不说"我忘了"时，大多数人会感到非常失落甚至难堪。在你埋怨记忆力不好之前，重要的是了解几个遗忘的真正原因。

遗忘是正常的——我们实际上不需要记住每件事情。没有遗忘，你的头会因为有太多太多的信息而转得发昏。所以，遗忘实际上对于记忆是至关重要的。因为你需要为你想要或需要记住的事情在记忆中腾出地方来。

我们为什么需要忘记一些事情

主要有以下三个原因：

1. 衰退了的记忆

存在于感官记忆库中的信息似乎很快会衰退。如果它进入了运作记忆——声音或形象记忆库——也许能在那儿待上三十到四十秒，然后消失，除非它被有意识地进行了加工。在声音记忆库里，这意味着复述或训练说过话或读过的东西。在形象记忆库里，这意味着这些图像的形象操作。如果没有被有意识地在短时记忆中进行加工，它就会消失。

2. 干涉

在短时记忆中的内容可能因为新信息进入的干涉而成为牺牲品。例如，你还能清楚地记得五分钟之前在想什么吗？

3. 存储失败

有时记忆没有得到适当或完全地存储，因此就难以从记忆库中再现。这意味着那儿根本就没有记忆，无法再现。如果某个记忆只有片段的存储，同样也很难再现。

例如：一个姓名

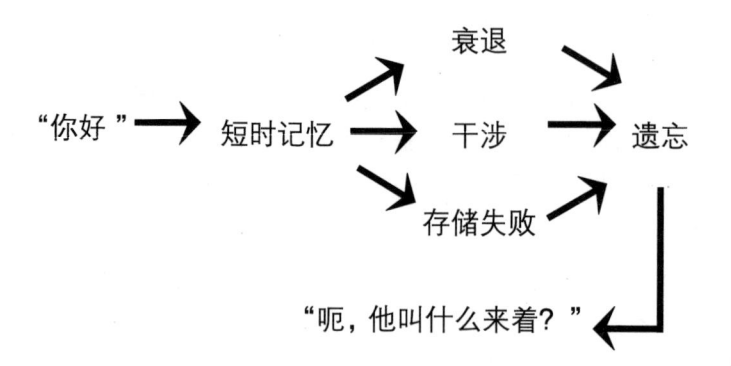

"你好" → 短时记忆 → 衰退 → 遗忘
         → 干涉 →
         → 存储失败 →

"呃，他叫什么来着？"

遗忘的其他因素

记忆表现会受到许多事情的影响：你的疲劳程度、喝掉的咖啡数量、是否喝了一点啤酒、紧张或镇静的程度，或者周围事件的发生频率。影响遗忘的普通因素有：

身体状况：疲乏、不舒服或有伤痛、觉醒程度
认知因素：注意力、关注程度
感情因素：紧张、焦虑、伤感、得意
环境因素：声音、香味、光线
任务的要求：从容易（枯燥／平凡）到富有挑战（复杂／费力）
后记忆：你对于你的记忆针对不同的事情时的好坏程度的了解

拒绝进入

影响记忆进入和存储的因素

某些信息根本就没有进入记忆库。它们仅仅成为感觉记忆或工作记忆。为什么会这样呢？那还是因为你没有给予它们足够的关注。你并有真正地听进去，你没有理解它们，你也没有真正留心记住它们。你被其他事情分心了，你没必要非要记住它们。

我们首先来看一下信息是如何进入的，以及什么能影响它是否被适当地存储。最大的问题之一是不和谐的噪音、图像、情感，以及日常生活中常见的嘈杂，它们不停地从大脑的感官存储库被搬进运作记忆。就在此时此刻，这个系统正在你的大脑中不停地转动着。你可能正在思考几分钟甚至是几天前发生的某件事情。它从感官注意来到大脑意识——运作记忆。同时，你的注意力正试图帮助你，告诉你把注意力集中到你正在做的事情上来。

过滤掉不重要的信息

我们的头脑的眼睛和耳朵不断受到信息的轰炸。然而，你的记忆系统帮助指引哪些是在当时对于当前的"思考"目的（你想要得到的）重要的，如完成一项指定的任务。它似乎可以处理或过滤外部的信息以便让你能集

中精力，而且也不允许任何被认定是不重要的东西进入记忆。如果没有这些，记忆就会负载过度的。

演练以及失败的缘由

我们会在记忆的不同阶段产生遗忘是有具体原因的。过去通常的看法是，某件事情一旦你反反复复地重复过（这个过程我们称之为演练），就会被存储在长时记忆里。所以，导致遗忘的原因之一就是人们对信息重复得不够。例如，我们知道，如果你不在运作记忆中对一些事情进行重复或加工，信息就会消失或衰退。如果有人要求你对你还是在学校学习时看过的一个历史主题谈一下看法，你会感到做这件事情有压力。它可能并不是你长期以来思考的问题，因此它是在你的记忆深处。而如果你开始阅读一点有关这个主题的资料，就会发现信息又一点一点地回来了，你的记忆恢复了。某些早期的研究支持这样的看法：如果你要求人们重复一串数字或单词，他们通常会在以后记得起它们。这个方法通常被运用在教育之

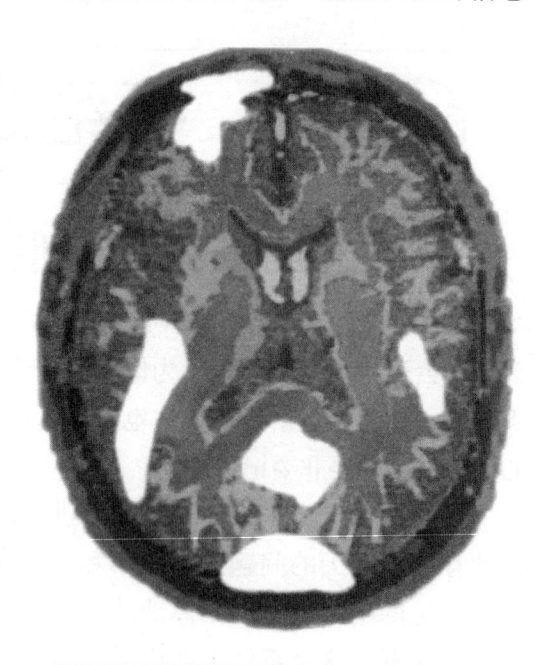

科学家使用神经成像装置，如正电子发射层析扫描图，能够检测出大脑发挥作用时被激活的区域。例如，当人看书时，正电子发射层析扫描图显示颞叶、顶叶及枕叶的一部分在发挥作用，即图中的白色区域。

中，并被称为死记硬背学习法。然而，你可能曾经记得反复查找过某个电话号码并拨打过它，但是它从未在你的脑海中留下烙印。有证据证明，简单重复通常并不足以或最有效地使记忆长期保存。

维护性演练使东西保留在运作记忆中，而编码性演练则使之从运作记忆进入长期存储。两者之间现在已经有了明显的区别。这意味着遗忘可能

是因为相信自己的重复已经足够了,不再需要其他附加的策略。通常情况确实如此。

缺乏联想

长时记忆的工作就是把一件件有意义的信息存储在一起,并使它们与相关的方面相连。虽然大多数存储在我们长时记忆中的东西本来就是有组织的,但我们有时仍需要稍微花些功夫有意地自己创造联系。所以,经常性地,当某人说他已经忘记了某事时,可能意味着信息只有部分被存储起来或者没有被归类到正确的地方,仍然在标为"杂项"的区域。如果信息没有得到适当的存储,就会衰退。

缺乏理解

要牢记信息,就必须理解它并让它具有意义。曾经给11岁的孩子做过一个研究。要求他们记住一段写飞镖的短文。其中一组比另一组记得快得多。当调查员问他们是怎么做的时,许多孩子回答说他们自动地对短文提些问题("飞镖是用来干什么的?";"它们是什么样子的?";"它们是哪儿来的?"等等)。记的不太好的那些孩子就没有问这些问题。那些问问题的孩子让他们的联想有了意义,因而也就把这个信息记得更好。他们把新信息同已经在记忆中的东西联系起来。

拒绝访问

影响再现的因素

当你访问记忆时,你并不是简单地重放一盘磁带。实际上,你是在重新创造一段经历、重写一个剧本。那么,是什么在影响再现呢?这个让人感兴趣的答案就是——任何事情。在信息进入存储的路途中，一直有东西影响着再现的发生与否。

加工的深度和广度

一个普遍的观点认为，信息的首次加工越精细，就越不容易被遗忘。注意，在前面的学校案例中，那些真正记忆力好的人并不只问"飞镖是什么？"，而且进行了想象（"它是什么样子的？"）。所以，他们在加工时不但把它当作是一幅视觉的图像，而且是一套有意义的单词，甚至可能还有一首打油诗："小小飞镖头尖尖，彩色尾巴孔雀衣。"这使得信息能高度地在再现时被访问，因为它已经有了深度和广度。

如果几个星期后有人要求孩子们回忆这些图片，其中的一些人可能仍然能记得很清楚——只要他们用好的深度和广度对它进行了好的编码。但他们可能不如他们亲眼看见的那天记得清楚，并且不得不猜一下（是美丽的孔雀、彩色羽毛，还是飞镖）。随着时间的推移，记忆——甚至是长时记忆——会淡忘并且不容易再现。

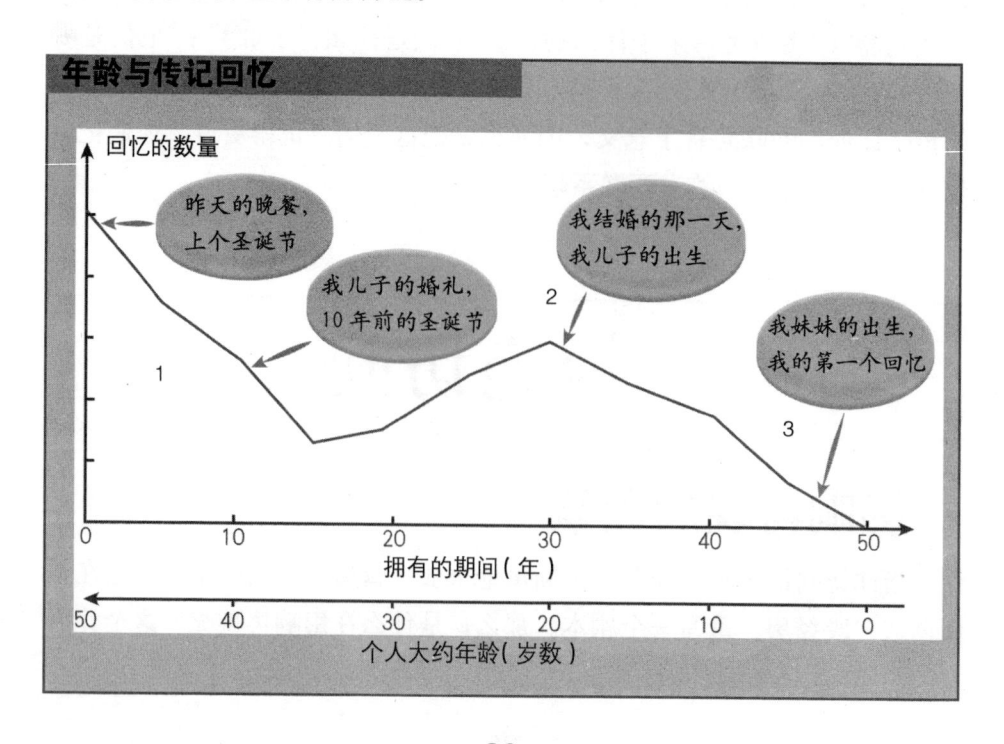

年龄与传记回忆

回忆的数量

1. 昨天的晚餐，上个圣诞节
   我儿子的婚礼，10年前的圣诞节
2. 我结婚的那一天，我儿子的出生
3. 我妹妹的出生，我的第一个回忆

拥有的期间（年）：0　10　20　30　40　50

个人大约年龄（岁数）：50　40　30　20　10　0

短期记忆小测验

下面你会看到 8 件日常生活用品，仔细看 60 秒，然后合上书，尽力回忆起你能想起的东西。

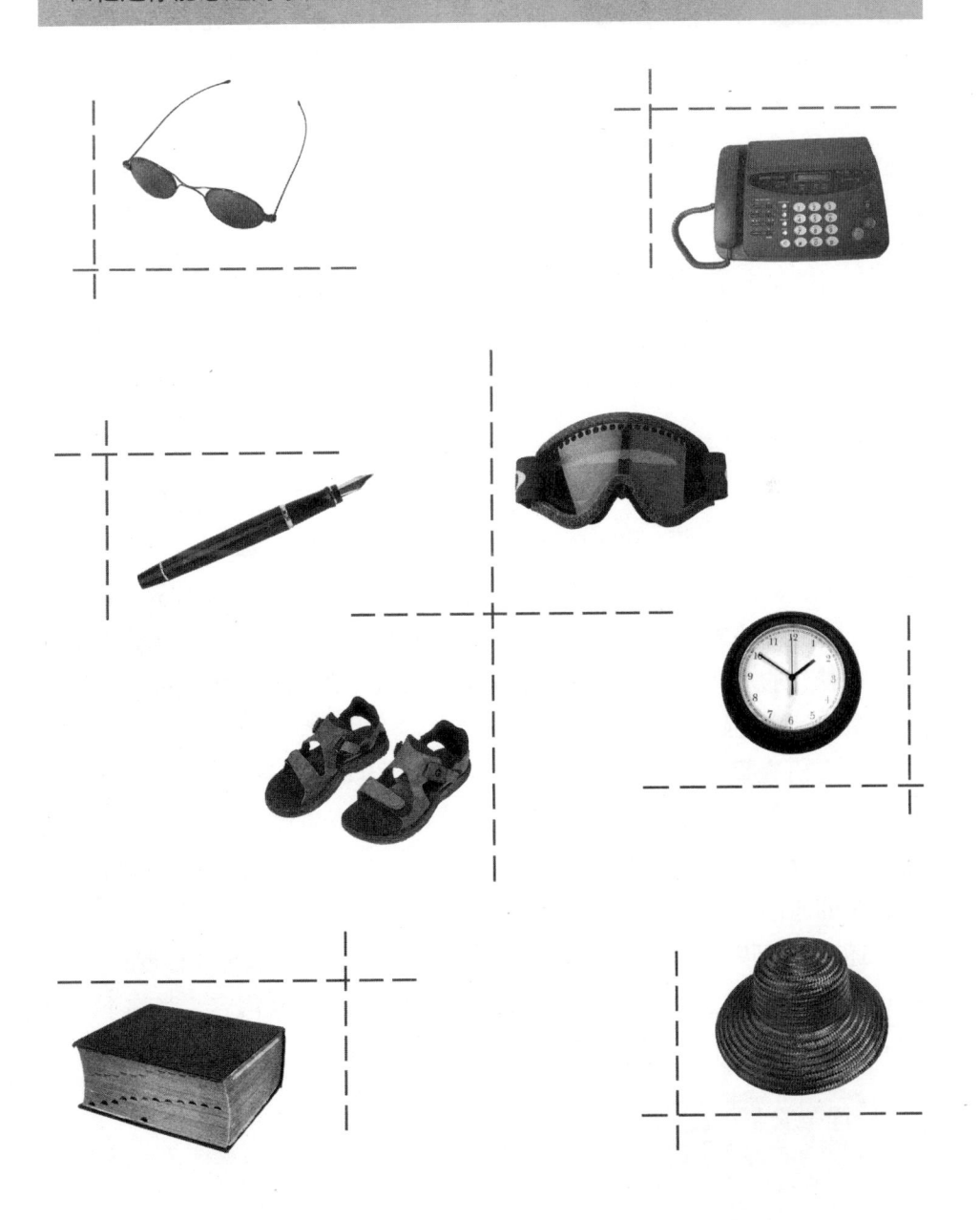

识别与回忆

有些种类的记忆比其他保存的更稳定。识别性记忆能识别你以前看到过的东西，可能十分可靠，而回忆性记忆可能就不行。如果你看着一张学校的毕业照，你可能认得许多张脸，但发现难以再现任何姓名。然而，如果有人告诉你名字，你可能就能记得起姓什么。

干扰

同编码一样，再现也会受到干扰的影响。想象一下看完一串单词后紧接着再看另一串单词。如果在第二天要你回忆第一串单词，你可能会把第二串中的几个单词也说进去，因为第二串干扰了你对第一串的记忆。非常类似的信息可能比有着更明显区别的信息更容易混淆。

上下联系和暗示

影响记忆再现的一个非常重要的因素是上下联系。很可能有许多暗示在一个环境中丢失了，却又在另一个环境中出现。大多数人会知道环境的上下联系。如果你在一个不同的环境中看见你认识的某个人，你可能会知道你认识他却又想不起他是谁。一些研究显示，被要求在有着明显香味（例如，肉桂）的房间里学习测试的有关信息的人，在有着同样香味的房间里考试时记忆力更好。

另有研究显示，如果某个记忆测试有特定的上下联系，信息在这个特定的上下联系下回忆起来要容易得多。这就是为什么当我们为了某事走进一个房间却又想不起究竟要干什么时，再回到开始的地方通常又能记起来的原因。

还有内部暗示。想象一下你喝了几杯酒并和某人聊了一些有趣的话题。你可能还记得聊过天，但可能已经记不完整聊天的所有内容。当你下一次和同一个人喝酒时，可能会回忆起更多你们所谈的。

第4章

找到影响记忆的因素

你并不是电脑

有些人认为大脑就像是超级电脑。他们甚至遐想去除头脑中错误的思维方式，用新的更强劲的代替，这根本是天方夜谭。

大脑并不能和电脑相提并论——不要相信这样的谬论，人的大脑既神秘又复杂。需要我们不断锻炼和保持。你的大脑中没有硬盘，这就是大脑与电脑的最大区别。

电脑

1. 没有幽默感
2. 百分百依靠硬盘、软盘、光盘驱动器存储资料
2. 没有视觉记忆（但输入照片便能识别）
3. 没有情感反应
4. 没有创造力
5. 只能按照人的指令运行
6. 不能存储味觉信息
7. 不能按信息的重要性来排序记忆
8. 没有从经验中学习的能力
9. 不能以触觉的方式记忆
10. 不需要休息
11. 不需要食物（但是需要电源运行）
12. 没有感情
13. 可以记忆存储任何指定的信息
14. 只要进行存档，所有的信息都可以记忆

人脑

1. 有幽默感（最基本的模式）
2. 会出错，可能会丢失重要的信息
3. 可以与别人分享存储的信息
4. 很强的视觉记忆
5. 记忆往往能产生创造力
6. 记忆可以产生相关的信息
7. 可以记忆嗅觉信息
8. 可以按信息的重要性排序记忆
9. 可以吸取经验
10. 仅用触摸就可以获得复杂的信息
11. 必须休息，甚至会死亡
12. 不规律的饮食会影响记忆
13. 记忆与情感息息相关
14. 可能会持续回想伤感的往事
15. 可在记忆中掺杂情感的因素

认识到自己并没有电脑那般的超强储存能力是十分必要的，但也不要对自己的记忆听之任之，找到影响记忆力的不良因素，将更有助于我们拥有超级记忆力。

注意力问题

注意不够

在讨论编译时，我们强调了专注于你想要记住事物上的重要性。如果你真想记住某些东西，给予足够的注意是第一步。在下面的例子中，就是由于注意力不够而影响到了新信息的编译。

实例

古编辑住的公寓楼中来一位新住户，商学良女士在邮筒处遇到了他，并向他介绍了自己。古编辑就叫她的名字向她问候并开始友好的交谈。几分钟后，另外一位住户加入他们的谈话时，古编辑却发现他已经想不起来商女士的名字了。

拉拉买了几张昂贵的音乐会门票，并提醒自己到家时把它们从钱包里拿出来，然后放在一个特殊的地方，这样以后她就能很容易找到它们。第二天早上，当她坐在她的车里准备上班时，她想起来她没有把票妥善放好，她在钱包里也没有找到票。她回到她的公寓，发现它们在厨房的桌子上。发现票没有丢，她松了一口气，但是她不明白为什么她记不起来她曾把它们放在了这张桌子上。

这两个事例说明的都是编译时注意力方面的问题。古编辑听到并说出了商女士的名字，但并没有将这些信息转变为能够回忆起来的长期记忆。拉拉心不在焉地将票从钱包中取出来放在桌子上，她没有对她所做的事情给予足够的关注。

对一些细节给予足够的关注能避免遗忘。问问你自己："对我来说什么时候专注是真正重要的？"在这些时候，将功夫放在你对事情的了解上或手边的信息上。

分散注意力的事物

另一个在注意力方面有可能发生的问题就是有分散注意力事物的存在。因为可以保存在你工作记忆中的信息量是非常有限的，任何声音、景象或想法都可能会分散你的注意力，并替代当前存在于你工作记忆中的信息。你一定曾经有过一个或多个下面的这些经历。

实例

你进入厨房想去取剪刀，却忘记了你去干什么。或许，在你去的路上，你在想着信件是否到了。这一个新想法代替了你从厨房拿剪刀的想法。

由于你正想着在药店关门之前能拿到你的药方，或许就会将你的伞忘在医生的办公室里。

你正和一位朋友驱车去电影院。他的谈话将你的注意力从注意你们所在的确切位置引开，你忘记了进入左转道，发现时已经太迟了。

不要认为你对这些受挫经历无计可施，尽量认识到工作记忆的局限性，并在可能的时候排除分散注意力的事物。把你的注意力完全集中在可能会发生危险的情况（如开车、做饭和吃药）上尤为重要。例如，当你在一个不熟悉的地方开车，你或许就想让你的乘客在到达之前不要说话。

分散注意力的事物

下面是两则小故事。在一间安静的房间里阅读第一则，然后在有分散你注意力的事物（如电视或广播）存在的情况下阅读第二则。

第一则

一位老奶奶和老爷爷还有他们的两个上幼儿园的孙子/女在一个雨天坐在红色的有篷货车中赶路。他们经过一个水果摊并决定回去买些甜樱桃和南瓜。他们赶车去参加一个宴会，这是一个火锅宴会，还有玉米和小点心。他们走着碎石路回家，在路上他们还被一只咆哮的狗追赶。

第二则

在一个多岩石的海滩上，一名救生员骑着他银色的摩托车去工作。他把他的蓝色牛仔裤换成绿色游泳衣并把他的哨子挂在他的脖子上。他向三个游出得太远的十几岁年轻人叫喊着让他们离海岸近些。傍晚，他温柔可人的女朋友在麦当劳给他买了一只汉堡、一瓶可乐和一些薯条。

你能发觉在这两则故事中你记住其细节的能力有什么不同吗？

年龄和记忆

年龄与记忆的关系

在西方，人们都认为随着年龄的增长记忆会衰退。莎士比亚有这样一段话诠释了人的年纪的观点。

"全世界是一个舞台，所有的男男女女不过是一些演员；他们都有下场的时候，也都有上场的时候。一个人的一生中扮演着好几个角色，他的表演可以分为七个时期。最初是婴孩，在保姆的怀中啼哭呕吐。然后是背着书包、满脸红光的学童，像蜗牛一样慢腾腾地拖着脚步，不情愿地呜咽着上学堂。然后是情人，像炉灶一样叹着气，写了一首悲哀的诗歌咏他恋人的眉毛。然后是一个军人，满口发着古怪的誓言，胡须长得像豹子一样，爱惜名誉，动不动就要打架，在炮口上寻求着泡沫一样的荣名。然后是法官，胖胖圆圆的肚子塞满了阉鸡，凛然的眼光，整洁的胡须，满嘴都是格言和老生常谈；他这样扮了他的一个角色。第六个时期变成了精瘦的穿着拖鞋的龙钟老叟，鼻子上架着眼镜，腰边悬着钱袋；他那年轻时候节省下来的长袜子套在他皱瘪的小腿上显得宽大异常；他那朗朗的男子的口音又变成了孩子似的尖声，像是吹着风笛和哨子。终结了这段古怪的多事的历史的最后一场，是孩提时代的再现，全然的遗忘，没有牙齿，没有眼睛，没有口味，没有一切。"

我们要感谢他的陈述，但不是观点。东方人的观点正好相反。老年人因为阅历和智慧的增长，受到人们的尊敬和爱戴。正是由于这个原因，人们愿意做受别人崇拜的事，很多老年人生活得非常积极，在有生之年仍然和同事共同奋战。

在西方，人们有这样一个观点，新的一代不能以父母的方式变老。这一部分是思想态度的问题，一部分是由于医学发达所造成的。它是指，如

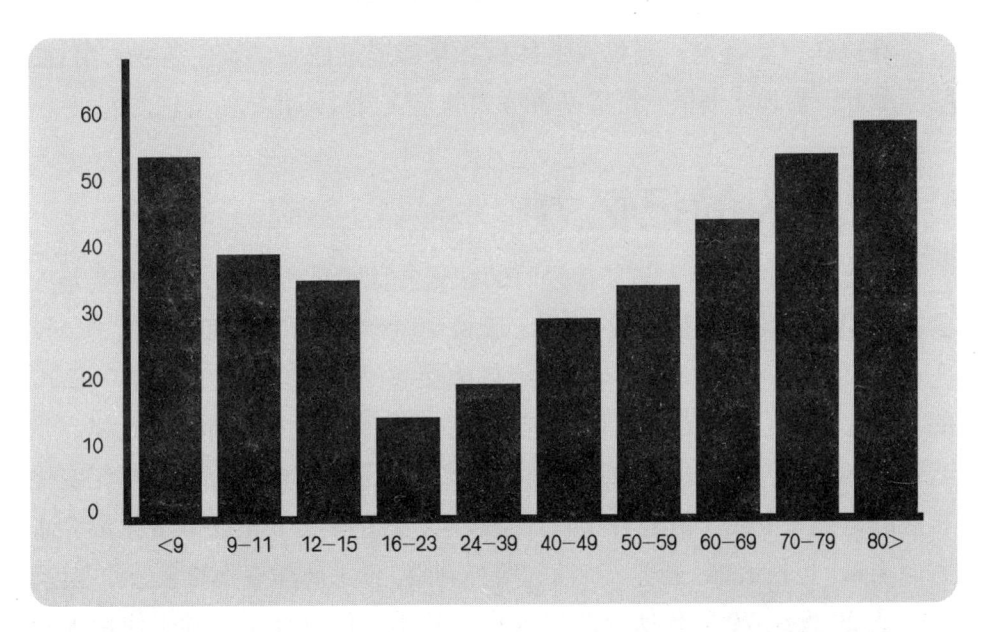

果你不想失去记忆，你就可以做到。我们常说，随着年龄的增长，我们的永久记忆也会得到提高（我们可以不厌其烦得述说往事），但是我们的短暂记忆就大不如前。记忆就像是肌肉，你不使用它就会失去它。

记忆会随着年龄而变化，这主要取决于大脑发育的不同阶段。令人着迷的是大脑中最后发育完全的区域（前叶）却是最先随着年龄开始退化的部分。

上面这张图表是一张典型的记忆与年龄周期变化曲线图。蓝柱表示记忆测试中的错误数。可以看出，小孩子和老年人的记忆错误数大致相同。我们的记忆在16—23岁之间处于巅峰状态，然后就开始逐步退化。

大多数人会注意到他们的记忆随着年龄增长而发生的变化。随着身体状况开始下降，我们的大脑状态也开始下降，这是很自然的，而这对于我们的短时记忆有着特别的影响。从图表中可以看出，年长者比年轻人记忆出错的次数更多。首先开始状态变差的似乎是他们的运作记忆和回忆，因为最先开始退化的是大脑中的前叶部分。身体因素也可能起一定的作用。听力和视力的衰退会影响记忆功能，因为它们是有效地摄入信息的障碍。

我们生成策略的系统的效率也会随着年龄的增长而减退。然而，研究显示，如果教会老年人一个策略，他们能非常有效地使用它。

有这样一个观点，老年人退休后如果能通过做十字填字游戏、猜谜、培养爱好、参加读书俱乐部等来锻炼大脑，就可以防止记忆变化太大。

老年人的记忆力

将近25%的老年人与其年轻时的记忆相比没什么变化；5%的老年人会在90岁时达到其记忆力的顶峰，就像20世纪英国哲学家伯特兰德·拉塞尔那样。剩下70%的老年人的记忆力会有一些变化，其中10%~20%的老年人会得一种叫作老龄联想记忆损伤或轻微认知损伤的病。这样，当我们日渐变老、时间感知力迟钝时，大多数人可能不得不面对与年纪变化相应的记忆力变化。但是当我们日益衰老，我们所经历的生理变化依靠多方面因素，包括锻炼、营养、持续的精神刺激、尝试新鲜事物的意愿和态度。

从20世纪70年代所做的研究中，科学家们发现了不勤于使用大脑要比衰老更对记忆力有害。换句话说，一个70岁的坚持学习和研究的老人的记忆力要比一个不重视智力训练的40岁的人更健康。研究还显示，像多年的学校教育和近期上学习班等因素都对记忆力有积极作用。这些因素在中年女性中也与记忆技巧或助记术的使用积极地相互关联，而且也提高了记忆的功能。底线是这样的：通过坚持阅读和研究的习惯而保持智力活跃的成年人，能比那些智力不旺盛的成年人更好地记住他们阅读过什么。大概在16岁左右，人的记忆力达到它的高峰，在剩下的余生中（高达30%），记忆力开始渐渐衰减。在正常的因年迈而导致的记忆力的衰减中，有许多巨大的差异：练习、目的、重要性都在此种差异中扮演非常重要的角色。

科学家马里昂·佩尔姆特一直在研究老年人的记忆力，他发现60岁或以上的人，他们的回忆和认知能力比他们20多岁时要差；但是比他们更老的人的记忆和认知事实上效果更好。这一发现能更有力地证明与记忆联系的重要性。我们越老，就越能与更复杂和全面的网络系统相连。对此，我们记忆的概率有事实依据，一个健康的成年人，能以惊人的有效方式适应他/她的环境：如果我们被强烈命令记忆，我们会找到记忆的方式。是真的，但随即，一些记忆类型可能更受老年人的影响。例如，我的祖母在她90岁的时候，还能记得她们家为庆祝每一次重要事件而举行的庆祝会的具体的日期；但是，她却经常忘记关掉家用电器的电源。记住名字和脸孔的能力逐渐衰退，被称作多任务（即同时做好几件事情）的能力衰弱，或被人干扰以及仍然记着的能力，在暮年是很正常的事。例如，正当你在准备砂锅炖肉时，一个电话铃声响了，当你接完电话回来，你已忘了你是不是添加了作料。但是可喜的是，只要你能理解且能联系在这本书里列举的各种类型的记忆法，在任何年龄段，你的记忆力都能得到提高。

身体与健康因素

疾病

疾病会严重影响记忆——感到自己不在最佳状态很会让人分心。更严重的是大脑紊乱（如双极神经元紊乱、沮丧、精神分裂症、帕金森综合征、爱尔泽玛症、脑水肿，以及许多其他疾病）和大脑损伤，它们会影响大脑的物理和化学秩序，并且对记忆和注意力有反作用。

在这种情况下，建议寻求医学上的帮助，对记忆功能做一个精确的评估，并进行特殊的康复训练以帮助你改善未臻完美的方面。也可以通过更好地了解自己记忆的强项和弱项，或者通过使用内外部的策略学会如何克服自己的困难，来帮助自己。

你应该还记得音乐剧《金粉世界》吧，它讲述了一位年老的男士和他的女朋友谈论他们第一次约会的情景。他总是记错许多细节，她总是耐心纠正他，然后他会高兴地说："噢，对！我记得！"这就是错误记忆综合征的典型例子。再举个例子。当王先生还是小孩子的时候，他生活在哈尔滨，他常常同小伙伴去家附近的足球场滑雪。从王先生家到那只要5分钟的路程。他清楚地记得，球场的一些建筑在右边，偌大的球场就在左边。但是最近,在阔别40多年后,重回故乡仍然是同一种感觉。但是,建筑物在左边而足球场却在右边。并不是王先生从另一个方向进入球场,他完完全全是按照儿时的线路来到球场。直到这时才发现,这是他儿时的错误记忆。

我们不知道为什么会形成错误的记忆,但是研究表明我们能够克服这样的记忆。最近有一项实验,让志愿者聆听一种他们没有过的经验之谈(也可能是他们没留意的经验)。例如,英国的志愿者要参与的是皮肤测试的一个试验,他们手指上的一片小的皮肤要被撕去做试验。(虽然这个实验在美国很盛行,但在英国却没实行过,所以参加的大多数人应该都没有尝试过这个实验)。一些人来参加这个实验就是为了要弄清楚自己是否做过这个实验。

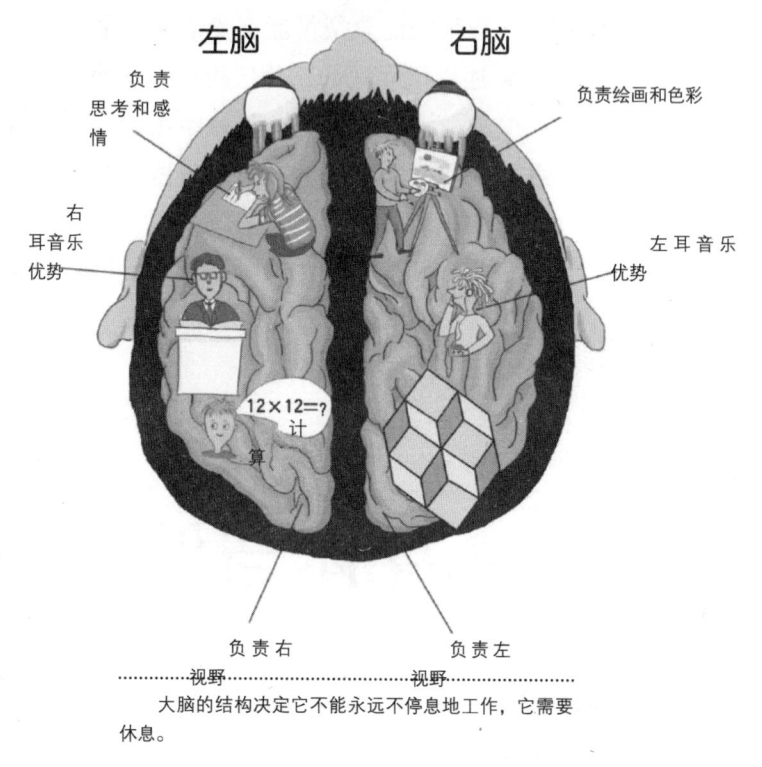

错误记忆综合征非常奇怪可笑,但它并没什么坏处。一些心理治疗医师建立诊所帮助病人脱离小时候性虐待的阴影。理论上来讲,由于外伤带来的伤痛,使得他们会将这些痛苦的记忆深深地埋藏在内心深处。渐渐地,似乎大部分病人受到了启发形成错误的记忆,认为其实这样的事并没有发生过。

如果你想尝试检查下自己是否有错误记忆综合征,试试这个实验。让家人或朋友描述一下你们共同经历过的事。这个游戏可以在聚会上玩,也可以在家庭团聚的时候做,或者别的什么活动。不仅仅是实验的每个人都对一件事有稍微不同的记忆，甚至至少有一个人记得的情景，别人都可以确定没有发生过。

视力和听力问题

如果一个有视力或听力问题的人想不起来一些事情或经历，常常会说他的记忆力不好。实际上，这种问题也许不完全是记忆力的问题。当你看不清楚或听不清楚时，信息将不能被正确编译。当你听得不够清楚时，承认这一事实并让其他人大声说是很重要的。如果你不能读印刷材料，请求一份用大号铅字排印的副本或要求某个人读给你听。经常进行视力和听力检查是非常必要的。

实例

你的邻居建议你给一个名叫王夏利的房地产经纪人打电话。当你打电话给这家房地产公司时，你却要张夏利先生听电话。这个问题可能是你的记忆力有问题，或是你的邻居没说清楚，或者是你的听力有问题。如果你想正确地记住某些东西，就要让那个人重复一遍，或者写下来。

在医生的办公室，接待员给你一份保险表格要你在家填写。"只要在这三个地方签名，寄走就可以了。"她指着三处空白说。当你回到家，你弄不清楚是哪些空白处了，说道："我已经忘了她对我说的话了。"这个问题也许不能怪你的记忆力，或许是你根本就没看清她指给你的地方。下一次，你应该让她在这些地方作上标记。

缺少身体活动

最近的研究表明，定期做运动的人，他们都能保持较好的智力机能。换句话说，习惯性的锻炼活动对于身体和智力都有好处。然而，在一项研究中，参与者锻炼了一段身体，然后又停止了，这样他们就失去了他们所获得的益处。

实例

在一个严寒的冬季,小尤一直害怕在冰上滑倒,因此几乎没有离开过家。她记不得太多昨天或前天发生的事情。她害怕她的记忆力会随着她的健康一起每况愈下。朋友们一直试着让她去上健身课,但她就是不想去。一天,她终于同意去上有氧健身课。她发现前几周很困难,但既然她已经付了八周课程的费用,她就坚持了下来。大约一个月之后,她感觉更有精力,她的脑子好像也更敏锐了。她在报纸上读到一篇有关身体锻炼和智力机能之间关系的文章。她很感谢她的朋友并且说:"这个课程不仅对我的身体有益,对我的智力同样也有益。"

疲乏

疲乏会影响到你的注意力并减缓回想的过程。当你累的时候,你更可能在习得新信息上遇到麻烦。如果你知道一天中什么时间你的思维最敏捷,你就在这些时间里做些含有新知识的工作。

实例

你通常在就寝时间读书,因为这样可以帮你入眠。然而,你却记不住你正读的这本书中的人物,这让你很泄气。你可以试着在你思维比较灵活的时候读这本书。如果你想在睡觉前读,那你就读一些你无须记住的东西。

药物影响记忆

有些种类的药物会导致记忆出问题。例如,安眠药就普遍具有这个副作用。不同的药物可能会相互作用并导致记忆功能的变化。

处方药和非处方药会影响到你的记忆力,因为它们会减缓你的思考能力,并使你感到昏昏欲睡或头脑不清晰。它们会降低你的注意力,使将信

```
记忆形成                    记忆再现
  受阻                        受阻

输入 →    紧张    → 记忆存储 →  精神压抑  → 输出
         沮丧                  心灵创伤
         药物
```

息记录为工作记忆变得更加困难。

但这种情况只是大多数时间而非所有的时间，在开始服用一种新药或增加剂量之后几天时间里，记忆力会受到影响。有时，某些变化只会被服药的人注意到，而有时候，某些变化对其他人来说会更加明显。由药物引起的记忆问题都是短暂的，当你继续服用这种药物直到你的身体已经适应了这种药物时，这个问题也许会自动消失。如果这个问题没有消失，和你的医生谈谈看看你能不能换服其他药物。

一些事情也会使一个人更有可能因药物产生记忆问题：

· 体重下降
· 年龄比较大
· 健康状况突然改变
· 服用其他药物
· 服用的药物剂量比原来的多（或少）
· 服药期间饮酒
· 某些肝病
· 肾病

尽管一些药物更能影响到记忆力和注意力，但相同的药物在每个人身上引起的问题不尽相同。对记忆力有更高风险的药物包括：

· 处方睡眠或焦虑药物

安眠药（佐沛眠）

镇定剂（劳拉西泮）

海乐神（三唑仑）

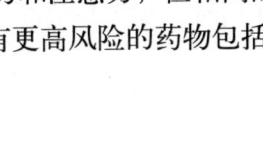

甲羟安定（替马西泮）

短效催眠药（扎莱普隆）

安定（重氮异胺）

抗焦虑药（阿普唑仑）

·肌肉弛缓药

力奥来素（巴氯芬）

镇静剂（盐酸环苯扎林）

肌松药（美他沙酮）

肌安宁（异丙基甲丁双脲）

抗痉挛药（加巴喷丁）

·一些过敏药或感冒药

苯那君（苯羟醇胺）

氯屈米通（氯苯吡胺）

·一些止疼药

美施康定和其他品牌的吗啡

止痛贴片或癌症镇疼药（芬太奴）

氢可酮（发现于唯寇锭或其他品牌中）

奥施康定和其他品牌的羟考酮

记忆力问题可能发生于治疗期的任何时间，但是开始时或增加剂量时，它们则更有可能发生。

药物只是引起记忆问题的许多原因之一。如果你认为你由于服用一种药物而产生了记忆问题，你应该向你的医生或药剂师说明问题。千万不要自行停止服药或减少药量。医生能够查明你的记忆问题是否由药物引起并会正确地指导你该如何去做。

当药物有副作用时，预防是关键。你可以通过下列方法防止出现记忆问题：

·保存好药物单，并在你开始或改变一种药物剂量之前将它出示给你的医生和药剂师。

·和你的医生一起努力，尽量停止你不再需要服用的药物。

·如果你认为你的记忆力可能会受到你所服用的药物影响，不要饮酒。

·和你的医生或药剂师谈谈有关服用药物的时间计划，以减少它们对你记忆力的影响。

·如果你认为你的记忆力受到某种药物的影响，告诉你的医生和药剂师，这样他们就能尽量避免使用同样或相似的药物。

饮食如何影响你的记忆力

多年来，人类一直在寻找发掘记忆潜能的最有魔力的方法。这种努力并非一无所获。这种魔力虽然不像灰姑娘的水晶鞋那样令人惊奇，但却存在于普通得不能再普通的东西——食物之中。过去几十年，人类研究了营养、医药、自然恢复以及身心关系等领域，肯定了饮食对大脑功能的重要性。不断进行的研究支持了如下主张，即不良的营养会严重影响学习和记忆。如果你感觉良好，你的注意力就会更集中；这个显而易见的现象的实质是，稳定的能量流动可以使大脑发挥最佳功能。能量从哪来呢？就在你吃的食物中。

如今，健康饮食包含许多因素，已经不仅仅是五种基本食物类别的平衡。无论是吃天然食品，多喝纯净水，控制脂肪、糖、盐的吸收，还是限制摄取防腐剂、添加剂和化学食品，都是保持最佳头脑和身体效率的关键因素。除此之外，健康饮食还要求我们摄取足够的蛋白质、碳水化合物、有益脂肪、维生素、矿物质以及大量的纤维。包含大量水果、蔬菜、谷类和蛋白质的饮食结构可以提供大脑必需的碳水化合物、维生素B、抗老化物质和氨基酸；但是，我们对营养和自己身体了解得越多，就越会发现更多的因素在起作用。

喂饱饥饿的大脑

简而言之，你的精神健康高度依赖于你的饮食好坏。为什么？因为你消耗的东西直接影响着负责体内细胞之间联系的神经递质。大脑承载着重要的使命，需要大量的、比身体任何其他器官都多的能量。大脑只占身体总重量的2%，但却消耗着身体摄氧量的20%。无论是睡觉、读书还是跑马拉松，大脑都需要持续的燃料供给；燃料来自于氧和葡萄糖（血糖），贯穿于身体内的血液中。如果无法得到制造能量所需的营养，大脑是最先的受害者。这不是夸大其词，大脑与肝脏和肌肉不同：肝脏和肌肉储存着能量，使其迟一些即可恢复；大脑则没有能量的储存。如果血液内的葡萄糖水平太低，大脑将会失去功能。这时，你会感觉精神恍惚，无法集中精神；情况糟糕时，你会感到急躁、易怒、失控、视线模糊、健忘、思考能力减退——这些症状都是低血糖的表现。不过，消除这种大家都有过的症状的方法绝对是你力所能及的：只要向大脑继续供给足够的能量。

营养不良

还要了解许多有关营养如何影响记忆力的问题，我们都知道均衡的饮食是整体健康状态的保证。一些人吃的食物种类非常有限，这种单一的饮食会导致所需营养物质的缺乏。新鲜的水果和蔬菜、全麦谷类食品或全麦面包及低脂肪乳制品或肉应该每天都吃。少食多餐比传统的大餐准备起来要容易得多，并且可以形成更健康的饮食习惯，摄入适当的卡路里。维持适合身高和年龄的体重是尤其重要的。重量不足或超重都是不健康的。

如果是由于饮食不足导致的营养不良，使用正常剂量的多种维生素补充是安全和适当的。大剂量的维生素或矿物质都是不安全的，除非由健康卫生保健护理者开了药方，否则不能大剂量服用。

对于咖啡因、尼古丁和酒精这些物质都应当适度摄取或避免一起摄取。

你的情绪有问题吗

情绪低落是记忆出问题的另一个重要原因，无论是摄入新的还是回忆已有的信息。即使是相对轻微的情绪低落也可能导致心理状态差。例如，受到挫折、感到担忧，或者可能专注于伤心或消极的想法，都能严重影响人的专心程度和记忆。情绪低落还会导致大脑中有关情绪和记忆的特定化学系统的变化，如血清素（5-羟色胺）。

你知道你的情绪会影响你的记忆时，也许你会非常惊讶。如果你正患有忧郁症或处于悲伤、焦虑或压力之中，你也许没有意识到这些状况可能产生的记忆问题。

忧郁症

许多人认为忧郁症是逐渐变老过程中产生的一种正常现象，但忧郁症并不是一种正常现象。它是一种疾病——一种可以医治的疾病。我们知道，记忆问题通常会与忧郁症一同出现，但是如果忧郁症得到了医治，记忆问题就会有所好转。忧郁症的一些症状有：

- 食欲改变（最常见的是食欲减退）
- 睡眠障碍
- 疲乏
- 焦虑、恐惧、过度忧虑
- 感到绝望或无助
- 注意力不集中、记忆困难
- 做决定时犹豫不决
- 不安、踱步
- 易怒
- 感到生活没有意义
- 对什么都觉得无趣
- 总是感觉不舒服或疲劳
- 情绪低落
- 自杀倾向

忧郁症是如何影响记忆力的

动机：当你情绪低落时，你就不会在意你新邻居的名字、你健身课的时间或政府采取的新措施。这些事情好像都无关紧要了。

注意力：即使你想记住去如何填写你的医疗保险表，忧郁症也会使你感到头脑模糊，而不能把注意力集中在要做的事情上。

感知：如果你情绪低落，你也许会将许多遗忘的事情当作你记不住任何事情的一种征兆。

实例

小华几年来已经得了几次忧郁症。他的朋友和家人都发现，当他情绪低落时，他就会忘记一些约会，并且记不起来一前天发生的事情。经过咨询后，医生认为，如果小华的忧郁症通过药物和心理咨询得到医治的话，他的记忆问题可能会有所改善。他也建议，在小华的忧郁症好转之前，他应该尽可能多地进行一些记忆训练，以协助治疗。

失落和悲伤

当你经历了重大的挫折变或故时，你常常会被痛苦和悲伤的情绪包围。将注意力集中在你自身以外的任何事情上都是困难的，并且你的注意力也会减退。忧伤时会随之出现记忆问题，但随着时间的过去会逐渐减轻，除非这个悲伤者的情况发展成忧郁症。

当我们谈论痛苦和悲伤的时候，大多数人最初都会想到死。实际上，失落的情绪也许是由许多不同经历引起的，包括感动、重大的外科手术、你或你的配偶退休、视力或听力损伤、一位朋友或家庭成员患病、经济状况的改变、宠物的死亡、孩子或朋友结婚及你个人健康状况的改变。当这些情况中的两种或多种同时发生时，对情绪的影响就会大大增加。

实例

老沈几年来一直想退休，这一天最终来临了。他盼望不用早起、不用附和老板并把时间都花在他的地下工作室里。然而，他惊讶地发现，他常常感到忧伤并且无所适从。他也注意到，他总记不住东西。在他妻子的鼓励下，他自愿去为卧病在家的人上门送餐，并开办了一个绘画班。他感觉自己非常有用，随之他的悲伤情绪和健忘也逐渐消失了。

大明和玲玲交往了一年半的时间。他认为他们进展得不错并计划着他们的未来。一段假期之后，玲玲告诉他，她现在觉得他们在一起并不快乐，她不想再见到他了。

大明开始非常生气，并暗自设想没有她自己也会过得很好。但随着时间的流逝，他发现他自己很忧伤，并且无法摆脱这种状态。他不能将注意力放在他的工作上。他突然感到他的脑子老了，不管用了。他想，是不是他的记忆力正在逐渐丧失，但他又不知该如何去做。几个月过去了，他发现他感觉越来越好了，而且他的记忆力也比以前好了。随着大明的悲伤情绪逐渐减少，他的记忆力又恢复了正常。

焦虑

焦虑的特征表现为内心紧张不安，并伴有生理症状和说不清的恐惧。许多严重焦虑的人都不能将注意力集中在他们身外的任何事情上。他们的头脑中充满了担忧，因此他们不可能将注意力放在外界发生的事情上，并且他们的记忆力衰退会影响到他们日常的机能。

焦虑的一些症状

· 神经过敏、忧虑或恐惧
· 忧惧或有一种不祥的预感
· 一阵一阵的恐慌
· 注意力难以集中
· 失眠
· 对可能患有生理疾病的恐惧
· 肚子痛或腹泻
· 出汗

- 头昏眼花或头重脚轻
- 不安或易变
- 易怒

实例

关太太把她自己描述为一个总是爱担心的人,她担心她的弟弟结不了婚、她的女儿吮大拇指,还担心她自己的胃病和关节炎等这些会影响到她照顾家庭的能力方面的事情。她很紧张,经常睡不好觉,几乎一整天的时间她都在担忧,并且她不能清楚地记得一些事情。

当关太太在诊所治疗他的胃病时,她向护士提及了她的焦虑情况,护士建议她应该和医生谈谈这个情况。医生推荐给她一个治疗焦虑或抑郁的认知治疗小组,在那里,关太太能学到一些解决她焦虑的新办法。在这个小组里,关太太认识到她控制不了她弟弟未婚状况和她女儿吮拇指的习惯。她决定试着不再担忧这两件事情。这个小组帮助她想出在她不能照料家的情况下的许多选择办法。关太太知道,她将会继续担忧,但当她意识到担心这些她无法控制的事情也于事无补,并开始为她的未来作打算时,她的一些焦虑症状及她的记忆问题就会减轻。随着她的担忧越来越少,她发现她能够集中注意力并能够记忆得更清楚。

压力

当你感到有压力、焦虑、压抑或冲动时,通常就不可能——
- 给予所学的新信息足够的注意力
- 全神贯注于你要回想的细节
- 长时间放松释放记忆表层

当你由于如感动、疾病、损失、你本人失业或你的妻子／丈夫失业而引起压力过大时,你更有可能忘记一些事情;或者,甚至当你由于约会迟到、把你家的钥匙放错地方、为公司准备文件或看医生而引起轻微压力时,你也可能会忘记一些事情。认识到像这些时候你可能更容易忘记,并且你的记忆力通常会随着压力的减轻而好转是非常重要的。当你非常担心自己会忘记，你的压力就越大，也就更健忘。

实例

你整整一周都在忙着为某位住在远方的朋友和他的家人来访准备。水槽堵了，而水管工人只有在你去机场接他们一家人的时间内有空。你问你的邻居，你是否能在去机场的时候给她留一把你家的钥匙，这样她就能让水管工人进来修了。但你非常着急，忘了留钥匙。由于你承受着压力，非常慌乱并且急匆匆的，因此忘了你最想做的事情。像这种情况下，最好是在你想到留钥匙的时候就去做这件事。

男人和女人

很显然，男人和女人在加工信息上是不同的。这尚无什么清楚的解释，但有三个可能的原因。

1. 天然的变异可能有基本生理不同的原因——你可以把它看作是稍微不同的硬件配稍微不同的软件。例如，研究显示，女人的联结大脑两叶的胼胝体要比男人的稍微大（密）一些。对此的一个理论上的解释是，左（理性的）右（情感的）两边有更好的沟通。

2. 早期的条件反射可能是因为在孩提时代受到的不同对待。例如，有证据证明，成人对待穿蓝色和穿粉红色衣服的孩子是不同的。他们会暗中常规性地将穿粉红色衣服的孩子看作是女孩，并倾向于（不知不觉地）不鼓励她们冒险。而穿蓝色的就被看作是男孩，会有具有竞争的行为和头脑简单的举止。

3. 天性和培养（先天和后天）可能是上述因素的综合。

女人所擅长的

通常说来，女人比男人更擅长于做特定的语言任务、开发语言更快、更擅长于做情感上的判断。

多重任务

女人比男人通常更擅长于同时做几件事情，这可能是因为大脑的左右两边联结得更好。想象一下你是一个旅馆里的前台接待，正在为一个客人登记入住；同时，你又要接一个电话；就在此时，另一个客人要你帮他传个话。研究表明，女人比男人更擅长于传话。

自传式记忆

女人似乎比男人更擅长于记住过去的事情，尤其是感情片段。

怀孕期的记忆

女人的短时记忆在怀孕期间似乎会发生变化。这可能是因为（对即将到来的新生命全身心的关注、疾病和疲惫所导致的）精神集中力差以及荷尔蒙的变化。近期的研究表明，记忆的变化虽然不是真实和持久的，但最可能被感知。许多变化似乎来源于生活变化因素，如疲劳、体重增加、容貌改变和缺乏性生活兴趣。

另一个解释是后叶催产素的升高。后叶催产素已知是一种能损害记忆的化学物质。它是在第三个三月期在体内生成的。另一个可能性是在第三个三月期氢化考的松的释放程度升高。有证据证明，过度的氢化可的松会影响海马（大脑灰质伸展于侧脑室颞角底部全长的弯曲形隆突），而海马又对记忆起着至关重要的作用。因此，这很可能是这些心理、荷尔蒙和化学因素的组合。

男人所擅长的

男人在数理方面的能力表现通常强过女人，在背景图形辨认测试中得分更高，更容易让目标对象在大脑的注意中循环，并且更擅长于记住技术信息。这可能是因为大脑的某个区域在任何时候都更加活跃。男人天性做事更有条理，但通常不会进行情感上的连接。

影响记忆的其他因素

因为多种原因，记忆有时会"受阻"。有时，记忆虽然仍然存在于脑海之中却无法访问。在其他情况下，记忆的存储在一开始就被阻止。

受到制约的记忆

有时，一些记忆可能太令人触景伤情或感到心情不快而很难会回忆。根据西格蒙·弗洛伊德（1856～1939年）等人创立的精神分析理论，忘记某些事情的一个原因是事实上并未失去记忆，只是被制约了。它就在那个地方，但人对它进行了制约，因为有意地去想起它是一件非常令人痛苦的事情。这是研究中一个有争议的方面。在许多案例中，临床医生们使病人们"说出了"他／她们童年时代受到性骚扰的事实。然而，尚不清楚这记忆是真实的还是受诱导而产生的。

心灵创伤

记忆有时可能并未丧失或受到制约，只是难以真正说出口。对有心灵创伤人的研究显示，许多人普遍记不得——有意识地——一些发生的事情，但他们在非言语的提示下（如声音、香味或触觉）仍然有一定的记忆。例如，警报声能激发经历过某个事故的人的焦虑，或者可能对解救该事件产生非常生动的幻想。这就是众所周知的创伤后紧张紊乱。这种症状的治疗方法之一是让病人讲述该事故，说出来以缓解与它有联系的焦虑。

童年时代记忆缺失

很少有人能记得他小时候的事情，因为4岁之前大脑尚未完全发育。

首先发育的是孩子的颞叶，它们是负责记忆模样的（如人脸）。最后发育的是前叶，因此运作记忆也是最后建立的。另外，我们一直要到2岁以后才学会说话，而语言又可能是记忆中一个至关重要的因素。

小孩子在记忆测试中的错误率极高。孩子的社会知觉尚未形成，所以他们很难做出联想。可能已经有记忆，但却不大可能去访问它们。除非有重要事件能影响孩子这样的例外发生，才可能形成记忆。然而，它也可能是通过孩子的父母在他长大一些后告诉他而形成记忆，所以他几乎是杜撰了一个"故事"。

许多孩子有假想的朋友。有个理论说这是他们在学习自己的记忆。记忆是关于我们自己的故事汇总，而随着年龄的增长，我们知道这是有许多原因的。它们为我们提供了一个个人的历史，帮助我们理解，并且在日常生活中起着重要的作用。孩子通常不理解这些。他们甚至难以理解想象与现实之间的区别。你是否也曾经怀疑过某件事情是亲身经历还是想象出来的呢？这可能就和孩子差不多。

自信心

你无疑遇到过记忆困难，它让你认为自己在记忆一些特定种类的信息方面特别差。你也可能明白在特定的情况下自己的记忆会更差。没有谁的记忆是尽善尽美的，也许大多数人的记忆还不如你。到现在为止，你知道我们每个人都有长处和短处，而且不同的因素影响着我们的记忆表现——如我们的精神有多集中、有多疲劳或紧张、荷尔蒙、酒精，或药物。其他如年龄之类的因素也重要，因为随着逐渐变老，大脑就像身体一样也会老化。

人们的基本记忆能力也会有自然变化，甚至每个星期都会不同，这取决于我们生活中发生了什么。这就是我们会感到有些时候比其他时候记得更好更准确的原因。例如，你会注意到，宿醉似乎会使复杂的任务和记忆变得困难得多。再例如，荷尔蒙水平的自然变化有着同样的影响，而我们对此几乎无法控制。

把自己同其他人相比基本上没多大意义。记忆与智力有关，但关系并不大。当你认为别人的记忆力似乎比你要好得多时，通常是你只片面地看到了他们强的一面，而它可能正是你弱的地方。换句话说，如果你对你老板在生意场上似乎总能记住客户的姓名感到佩服，这更可能是他正在使用某个策略。尽管你的记忆力可能没有什么问题，但采取一些方法来提高它或使之达到最佳是可能的。

很多时候，我们总满足于自我实现的预言，只达到我们认为自己能做到的水平。事实上，人们在更多情况下表现得更聪明或有着更好的记忆，仅仅是因为他们有自信心。

例如，有这样一个体会，上大学的人一定很聪明。好，当然这可能是真的，在许多情况下，学生们考试成绩好并上了大学，是因为他们学习认真并从他们的成就中获得了自信。这些人通常有好的运气进入有好教师的学校学习，在那儿，他们能学到许多东西并对自己拥有信心。

有一些人就没那么幸运——也许他们上的学校把超越看作是"没有把握的"，或者他们被告知自己资质平庸。他们可能因为家境贫寒而几乎没有机会在毕业后继续深造，甚至根本没有想过报考大学。所以，要学会相信自己并对自己的能力有信心。把自己能做到的事情列一个清单——你可能会对这个清单的长度感到惊讶！

气质和个性的种类

我们都有不同的个性，而且种类繁多。思考快速的性格外向者是一个极端。思维敏捷是一件好事，但这类人也可能听得不仔细、会出错、说话不经过大脑，而且注意力不集中。这类人的生活方式似乎也不太健康，条理性较差。

相反，在另一端的是性格内向类型的人，他们显得缓慢和安静得多——"埋头苦干者"。然而，这些人经常能仔细听讲、更加有办法和条理，而且注意力更集中。

缺乏智力激励

常言道："不用则失。"这句话常被用于说明记忆机能。保持脑子活跃并使用一些记忆方法可以提高你的记忆力。这就是一些智力激励的例子：
- 上成人教育课
- 参加一个讨论小组
- 做些纵横拼字谜
- 打桥牌、下象棋或玩益智游戏。
- 回答智力游戏或其他问答节目中的问题
- 阅读益智书籍
- 使用最近学到的记忆方法

实例

马先生对时事一直都很感兴趣，尽管他每天都读报纸，但他最近发现要将所需的信息记住，对某些问题上阐明自己的立场很困难。他没有放弃，而是加入了他所在的公寓楼里的时事讨论小组。他非常喜爱这些踊跃的讨论，并发现通过为小组准备及听取其他人的观点，他对这些问题的记忆加强了。

酒精的影响

喝酒对我们会产生的多种影响，它改变我们分别注意的能力，影响我们对深度和空间的视觉感觉、思维集中能力，以及我们的判断力。

酒会在两个不同的方面影响你的记忆力。首先，许多人发现，随着他们年龄的增长、的酒量越来越小；以前也许能喝两瓶酒，但现在却不行。酒的作用更在于一次所喝的量，而非一个人喝酒的频率。关于记忆力，一晚上喝四瓶酒要比四个晚上每晚喝一瓶对脑子的影响力大得多。第二，长期饮酒无度会引起无法恢复的记忆力丧失。

除了酒对记忆力的直接影响，

饮酒会引起或恶化影响你记忆力的其他因素：

·忧郁症：酒对于中枢神经系统所起的作用就像是一种抑制剂。

·降低营养状况：从酒中只能得到卡路里，根本不含有营养成分。一些饮酒过量的人会饮食不足。

缺少社交的相互作用

许多人承认社交参与是保持或提高智力的一个主要因素。当生活没有目的或未被系统化，你就没有动力关注并组织你的思维，也没有什么东西需要你记忆。

在社会交往中，你有机会谈论你生活中的许多事情，这样就加强了对你所做和所学东西的记忆。

实例

李老先生八十八岁了，一个人生活，身边没有任何亲人。他患有严重的关节炎和心脏病。由于远离家乡，他感到很不舒服、很不安心。他的邻居每天帮他取信，注意到李老先生变得越来越健忘了。他几乎不知道当天是什么日期，并且把他最近与两位医生预约的事情也忘了。当他最后去看医生时，李老先生的脚上长了溃疡需要护理。医生为他安排了一位家庭护士和家庭健康助手，每周三次为他提供个人护理和家政服务。几周之后，李老先生的邻居发现，自从他期待助手星期一、星期三和星期五过来后，他的思维好像更敏捷了，并且总能记住当天的日期。随着他和助手之间对日常生活和时事的交谈，他们的相处已经提高了他的记忆力，他能记住最近的事情。

缺乏整理规划

忘记事情和遗失东西可能缘于一种混乱的生活方式。当你没有一种有条不紊的方式了解你的家具、设备或装置，将你家里的东西放回它们正确的位置，付款或将重要的证件存放在一个安全的地方时，你就很可能变得越来越健忘。

许多人养成了一种有条有序的终身习惯，而其他人则缺乏条理却从来没有为此烦恼。如果你认为你忘记一些事情是因为缺乏条理，你或许就想形成一些有组织的新习惯。做出这些改变的确比较困难，但是从长期来看，有条理可以节省许多精力。

实例

牛小姐曾抱怨道："我总是将一些事情写下来。我知道把单子存放起来了，但是后来我却找不见这些单子了。"在她参加的一个记忆力课上，她也听到其他参加者描述过同样的情况。老师建议他们保存好所有要买的东西或在近便的地方要做的事情的单子。牛小姐一直都在零碎的纸片上列些单子，但却将它们在家里到处乱放。她就在一个笔记本上列单子并放在她的厨房桌子上，这样，她便改变了这种情况。

你注意到你的信用卡账单通常很大。你肯定上个月已经支付了账单，但当你查看支付记录时，上面并没有支付纪录。你在所有可能的地方寻找这张账单，却并未找到。你向信用卡公司打了电话抱怨之后，你发现上个月的账单就在你正读的一本书里。不用说，是你忘了付账了！大多数人不知道用某种有序的系统来进行家庭财政管理。当你的账单在家里到处乱放，而且也没有定期支付它们的时间表时，这就很容易漏掉。

紧张

紧张是记忆功能中一个重要的因素，它对遗忘起很大的作用，它是记忆力"差"的关键问题之一。人们发现在紧张时更难摄入信息，因为紧张导致大脑"僵化"。这可能是因为各种各样消极的念头充满了他们的运作记忆，占据了有用的加工空间。一定程度地激发大脑的紧张（正面的紧张），但如果紧张过度，运作记忆可能就会被淹没、记忆系统僵化。例如，当你有太多的事情要做时，就会感到茫然不知所措。

第5章

评估你的记忆能力

你对待生活的大体方法

本问卷由 20 个问题组成。请仔细阅读每个问题及其答案，然后选出最适合的答案。同一问题所选答案不能超过一个。

你认为自己是一个有条理性的人吗？
1. 完全不是　　　2. 有一定的条理　　　3. 非常有条理

在你参加一个会议时，下列哪个答案最能说明你的状态？
1. 发现自己思绪漂移出去，想着其他事情
2. 只要主题有趣，就能很好地摄入信息
3. 总是能随时集中精神并记得住

你乱放钥匙吗？
1. 经常会　　　2. 有时会　　　3. 从不

你有时间安排表吗？
1. 没有　　　2. 试过，但发现难以随时更新　　　3. 是的

你是否每星期不止一次感到有些晕晕乎乎？
1. 是的　　　2. 有时　　　3. 没有

你是否发现一直有太多的事情要做？
1. 是的，我不太擅长于熟练掌握事情
2. 我有时不得不加班加点以跟上进度

3. 不会，我基本上能掌控局势

你是否感到难以记住密码？
1. 是的，我很难记住这些东西
2. 我偶尔会在想它们时碰上些问题——因为我对不同的东西设的密码不同
3. 不会，我用的密码不仅熟悉而且易记

你是否有过走进一个房间却忘了为什么走进去的时候？
1. 经常　　　2. 有时　　　3. 从未有过

你是否吃大量的新鲜蔬菜和水果？
1. 不　　　2. 尽量　　　3. 是的

你能记得给人们发生日贺卡吗？
1. 不能，我记不住日子，所以不知道什么时候该送
2. 只记得同我关系密切的人
3. 是的，我有生日的清单

你是否容易分心？
1. 是的，我发现难以让自己长时间地把注意力集中在某件事情上
2. 有时
3. 从不

你认为新信息好记吗？
1. 不　　　2. 如果听的仔细的话　　　3. 是的

你是否让你的思维保持活跃？
1. 并不完全如此　　　2. 尽量　　　3. 是的

你是否乱涂乱画？

1. 经常　　　2. 有时　　　3. 从不

你的家庭开支是否有条理？
1. 没有
2. 有一定的条理
3. 是的，我先会以一定的次序将它们排列，所以总能按时开支

你多久做一次身体锻炼？
1. 从不，我讨厌做身体锻炼　　　2. 有时　　　3. 至少一周两次

你丢过东西吗？
1. 经常　　　2. 有时　　　3. 从未

当有人给你介绍新朋友时，你是否能记住他／她的名字？
1. 几乎不能　　　2. 有时能　　　3. 每次都能

你有没有做过白日梦？
1. 经常　　　2. 有时　　　3. 几乎从未

你是否经常会为某些事情紧张？
1. 经常　　　2. 有时　　　3. 几乎从未

把你所选答案的序号加起来（序号即代表得分），看看你属于哪一类记忆个性。

得分

20～30分：最佳化程度差

你也许精神不太集中，感到自己的记忆力不是很好。你可能条理性较差。你似乎不太积极利用记忆策略或如列清单之类的帮助记忆的工具。你

的生活方式可能也不是特别健康。

如果你属于这种个性类型，就要多下功夫学习提高注意力以及使用记忆策略，从而提高自己的日常记忆功能。专心致志是摄入信息并将其存储起来的基础。记忆策略或记忆帮助工具能帮助你更好地存储记忆信息。你可能还需要考虑改善你的生活习惯，因为健康对你的记忆力会产生很大的影响。

31～45分：最佳化程度中

你的生活也许安排得还可以，但感到可以有更好的记忆力。你也许相当有条理，但还有提升的空间。你试过以一种健康的生活方式生活，但并不十分成功——因为你感到自己太忙了。

变得更有条理，学会更有效地利用记忆策略，并学习新的策略，会极大地改善你的记忆和注意力。生活方式的改进也应该成为你总体提升计划的一部分。

46～60分：最佳化程度好

你的记忆力可能已经不错并能有效地利用记忆策略。你可能也正努力以一种健康的生活方式生活。因此紧张程度相对较低。

提升的空间仍然存在——如果你对记忆是如何运作的了解得更多并学习新的策略，从而对自己的记忆有更多的认识，你就可以进一步强化自己的记忆。

评估你的短时记忆

第1部分：评估你的数字记忆能力

叫一个朋友读出如下次序的数字，你的任务是以同样的次序复述这些数字。试试看你做得怎么样。

18　13　71　43　7　58　2　9　6　5　4　16　25　34　95　19　20

得分

你一次能回忆起多少个数字就得几分。

少于5个＝差；5～9个＝中等；多于9个＝好。

小结

我们大多数人平均能记住七条信息。

第2部分：评估语言记忆的能力

看一下下列词汇并试着记住它们——不要把这些词汇写下来。你有一分钟的时间。

木偶	火车	上衣	毯子
汽车	足球	椅子	裤子
桌子	摩托车	谜语	沙发
帽子	玻璃球	直升机	袜子

现在把这些词语遮住（不要骗人），然后尽可能多地把这些词汇写出来。

得分

你记住了多少？你每正确记住一个得1分（总分是16分）。

少于5个＝差；5～9个＝中等；多于9个＝好。

小结

你可能又一次只记住了5到9个。你注意到这些词有什么特殊规律了吗？如果没有，再看一次。如果你看得仔细，你将会发现这些单词可以被分成四个主要类别（玩具、交通工具、家具、服装）。增强记忆最简捷的方法之一是将有关项目按类别组合。这能降低记忆的负荷，从而使记忆更加容易。

第3部分：评估你的形象和立体记忆

仔细观察下面的10个图形1分钟，努力记住它们，看你能够记住多少？

得分

你答对了几个？

少于5个=差；5~8个=中等；8~10个=好。

第 4 部分：评估你的视觉识别记忆

看下面这组图。他们中哪些你在前面看见过？把你之前看见过的图写下来，然后对照一下，看你答对了多少？你可能会对你能答对的数量感到惊讶。

第5部分：记故事

阅读以下段落。不要记笔记，但在手边准备好纸和笔以备后用。

罗先生正走在去当地的一家便利店的路上，他要买早餐、一份报纸、一盒鸡蛋以及一些甜品。当他沿着人行道往回走时，看见一位女士在一块石头上绊了一下，摔倒在地，撞到了头。他赶紧跑过去看她是否需要帮助，并看到她头上的伤口正在流血。他奔向附近最近的房子，敲开了门，告诉来开门的女子发生了什么事情，并请她打电话叫人帮忙。15分钟后，来了一辆救护车，把受伤的妇人送进了医院。

现在，把这个段落盖起来，然后根据记忆尽可能地（尽可能按照原来的词句）写出这个故事。

得分

你回忆得起多少条信息？

少于15=差；16～25=中等；超过25=好。

大多数人肯定记得住故事的大概意思，而且可能还能记住一些细节，然而要一字不差地记下这样一个故事则是一件很困难的事情。

我们大多数人在阅读书报时往往只记住大概意思而不是逐字逐句地通篇记忆。这是因为，虽然词句是重要的，但我们的记忆幅度是有限的；所以词句就成了故事的"路径"，因而我们记住的只是大概的意思。幸运的是，重要的是词句所传递的内容而不是词句本身。人类的记忆也更善于记住值得纪念的片段或那些同我们个人有牵连的东西。

第6部分：识别记忆

看一下下面的这些词汇并记下哪些在前面的练习中出现过。不要翻回去看，你能认出哪些单词自己在前面看见过吗？

| 木偶 | 足球 | 垃圾箱 | 熨斗 |
| 汽车 | 帽子 | 轻型摩托车 | 火车 |

摩托车	房子	上衣	直升机
毯子	沙发	谜语	窗户

得分

翻回去对照一下并计算你的得分。这些词语中有 11 个你在前面看见过。认出少于 9 个 = 差；9 个 = 中等；10 个以上 = 好。

我们大多数人非常善于识字。识别往往是作为记忆自然的提示，因为词汇本来已经存在于你的大脑中了，你只需要分辨哪些见过、哪些没见过。它所需要的努力要比回忆少一些。我们记忆系统有一个怪癖，即是回忆可能来自相同类别的普通项目比较容易，但识别不太普通的项目相对更容易。项目越是类似或普通，就越是难以分辨。

评估你的长时记忆

第 1 部分：经历性记忆

这一类型的记忆往往有不同的种类。
试试看回答以下问题：
1. 你祖母的名字叫什么？
2. 你出生的地址？
3. 你第一个喜爱的玩具是什么？
4. 你小的时候最喜欢吃什么餐？
5. 你小学的外号叫什么？
6. 你的祖父是怎样维持生计的？
7. 形容你祖父的外貌。
8. 想一件你五岁前收到的礼物。

9. 想象一下你成长的房子，第一扇门是什么颜色？
10. 你小时候的隔壁邻居是谁？
11. 你能回忆起上小学第一天的情景吗？你穿什么衣服？
12. 你的第一位老师是谁？
13. 你小时做得最顽皮的一件事是什么？
14. 你最早的记忆是什么？
15. 你11岁时同桌是谁？
16. 哪位老师你非常不喜欢？
17. 你能否记起在学校用心学过的诗歌，演讲或者文章？
18. 第一个让你心动的人是谁？
19. 你第一个约会的人是谁？
20. 第一个伤你心的人是谁？
21. 11岁时，谁是你最好的朋友？
22. 你记忆最深的第一个假期是什么？
23. 你记忆最早的圣诞节（或别的什么宗教节日）？
24. 描绘一件你喜欢的玩具。
25. 你什么时候学的自行车？
26. 谁教会你游泳？
27. 你第一个真正的朋友是谁？
28. 你童年最喜欢的游戏是什么？
29. 你5岁是最喜爱的电视节目是什么？
30. 你的第一个纪录是什么？
31. 你在学校的外号是什么？
32. 你对较早之前的往事有没有一个深刻的记忆？
33. 有没有一种特殊的气味能使你生动地想起往事？
34. 你的第一只宠物叫什么？
35. 你给喜爱的玩具起了多少名字？
36. 你能不能详细地记起11岁前的考试片断？
37. 你5岁前最喜爱的歌曲是什么？

38. 你 11 岁之前是否有自己的朋友圈？列举一位朋友。
39. 你能否记得小时候幸运避免的一些事情（比如车祸）？
40. 童年生的最严重的一场病是什么？
41. 你一生中最美好的回忆是什么？
42. 你有没有童年的挚友，阔别已久后再次见面？
43. 你是否记得考试用的一些科学公式？
44. 相对于最近发生的事，你是否更容易记得往事？
45. 你能否记得当你闻讯北京申奥成功时，你身处何地？

得分

30 项以下＝差；30 项＝中等；超过 30 项＝好。

做得怎么样？

大多数人在这个测试中能完成的很好，基本上能回答 30 多道题。一旦你开始回答这些问题，你就会促使自己回想更多的往事。这种回忆的感觉会持续很久。也许它还能促使你拿出一些旧照片或纪念品怀念，给老朋友打电话，或者找寻失去联系的朋友。一旦你的永久记忆受到激发，它将发挥巨大的功能。你会惊叹于你能回忆的所有细枝末节。

你可能会发现以上有些事情比其他的更容易记得。如果当时有重要事件发生或该事件对你有着不同寻常的意义，那么记起自己当时在哪儿或在干什么就容易得多。这是因为，我们没有必要记住我们生活中的每一个时刻。我们的记忆会自动地对信息进行筛选，于是我们就会忘记我们所没有必要知道的东西。

第 2 部分：语义性记忆

你的常识怎么样？语义性记忆是我们自己对事实的个人记忆。试试看回答以下问题，并看一下你的实际知识怎么样。

1. 意大利的首都是哪里？
2. 《仲夏夜之梦》的作者是谁？

3. 太阳在哪个方向落山？

4. 水在华氏多少度沸腾？

5. 离太阳最近的第五颗行星是哪一颗？

6. 纳尔逊·曼德拉是在哪一年被释放的？

7. 俄国革命在哪一年？

8. 一支足球队有多少名运动员？

9. 圭亚那位于哪个大陆？

10. 在身体的哪个部位可以找到角膜？

11. 到达北极圈的第一位探险者是谁？

12. 《物种起源》的作者是谁？

13. 与南美洲接壤的是哪两个大洋？

14. 比利时的首都是哪里？

15. 静海在什么地方？

16. 第一次世界大战的起讫日期是什么？

17. 卷入水门事件丑闻的美国总统是哪一位？

18. 拿破仑·波拿巴被放逐到什么地方？

19. 彩虹有哪七种颜色？

20. 《热情似火》的女主角是谁？

得分

正确答案低于 10 个 = 差；11～15 = 中等；16～20 = 好。

答案

1. 罗马　　　2. 威廉·莎士比亚　　3. 西方　　4. 华氏 212 度

5. 木星　　6. 1990 年　　7. 1917 年　　8. 11　　9. 南美洲

10. 眼睛　11. 罗伯特·爱得温·派瑞　12. 查尔斯·达尔文

13. 太平洋和大西洋　　14. 布鲁塞尔　15. 月球　16. 1914～1918

17. 理查德·尼克松　　18. 圣赫勒那岛

19. 赤、橙、黄、绿、青、蓝、紫　　20. 玛莉莲·梦露我们的语义性知识会随着许多不同的因素而变化，例如你来自何方、你的年龄、兴趣，以及其他等等。要扩展你在已经有所了解的方面的语义性知识是比较容易的，因为这些知识更有意义。

评估你的预期记忆

我们大多数人过着繁忙的生活。以下哪件事情你会经常忘记？

付账（或者是否已经付过账了）
1. 经常　　　　2. 有时　　　　3. 从不

计划好的约会时间
1. 经常　　　　2. 有时　　　　3. 从不

收看感兴趣的电视节目
1. 经常　　　　2. 有时　　　　3. 从不

你下一周的计划是什么
1. 经常　　　　2. 有时　　　　3. 从不

出去旅行前取消所订的报纸或杂志
1. 经常　　　　2. 有时　　　　3. 从不

出行前从自动柜员机中取钱
1. 经常　　　　2. 有时　　　　3. 从不

上床睡觉前调好闹钟

1. 经常　　　　2. 有时　　　　3. 从不

吃药
1. 经常　　　　2. 有时　　　　3. 从不

给好朋友送生日卡
1. 经常　　　　2. 有时　　　　3. 从不

回电话
1. 经常　　　　2. 有时　　　　3. 从不

得分

把你所选答案的序号加起来。
10～15＝差；16～15＝中等；26～30＝好。

每个人都对不时会忘记做一些事情而感到负疚，而且这还令人非常沮丧。这种类型的记忆的好处是易于改善。只要稍微有点条理，再加上一些简单策略的帮助，就可以提高这方面的记忆。有时，生活似乎为许多小事所占据，有条理可以帮助清理你的思路，以便处理更为有趣的事情。

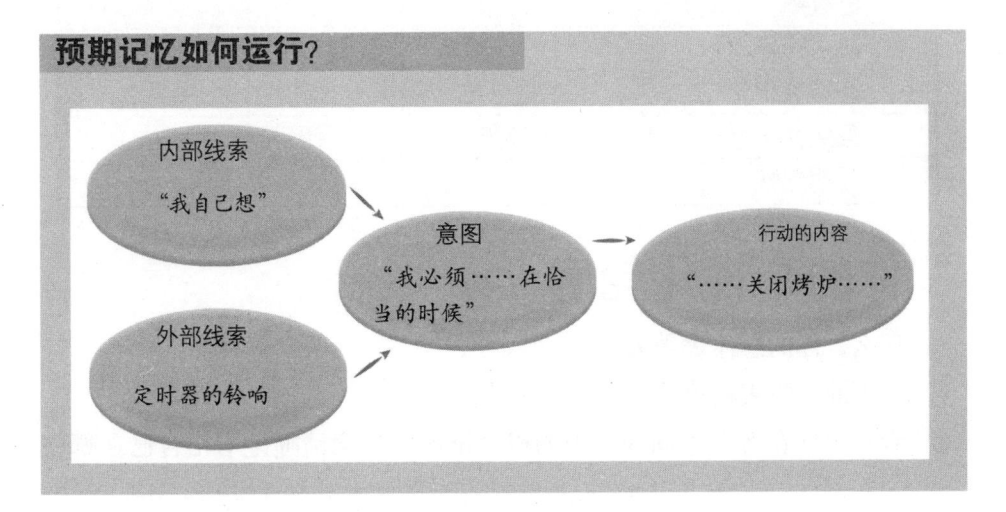

预期记忆如何运行？

内部线索
"我自己想"

外部线索
定时器的铃响

意图
"我必须……在恰当的时候"

行动的内容
"……关闭烤炉……"

⌒ 诠释你的强项和弱点

关键的思考技巧

由于记忆的复杂性和多面性，因此，重要的是要去了解其他有关的思维功能与记忆之间的关系，以及它们为什么对记忆如此重要。虽然注意力集中是记忆的一个基本部分，但计划、组织，以及有效的学习这些过程也是记忆的基本部分。通过这些技能帮助你提高记忆，然而，首先你必须保证你对自己的能力有了彻底的了解。

测试类型	差	中	好
总体表现			
数字记忆			
语言记忆			
形象/立体记忆			
视觉识别记忆			
记故事			
识别记忆			
经历性记忆			
语义性记忆			
预期记忆			

你的个性化轮廓

那么，你的总体表现如何？

将下面这张表格填一下就一目了然了。

看一下你在各个不同练习中的得分情况；就会清晰地看出自己在哪些

方面最强、哪些方面最弱。你的某些方面比其他方面强是很自然的,这是因为我们的记忆都有不同的强项和弱点。你可以做许多来对它进行改善。变得更有条理并使用不同的策略对你就有帮助。即使你在每个方面都得了高分,你的记忆仍然有可以提高的地方。

了解你自己的记忆

这种能力可以让我们识别是否知道或记得某事,因为我们知道自己的记忆中有这些信息。它还被称为后记忆。它帮助我们监控我们对信息的了解与否——记忆功能中让我们知道自己了解某事的哪个方面。完成以上的各项记忆测试将帮助你发现自己的强项和弱点,因而知道要集中注意哪些方面。你一旦开始对自己的强项和弱点有了足够的了解,就会知道它们如何可以在不同的情况下帮助影响和提高你的记忆。

找到适合你的记忆方法

我们有三种记忆方法——看、听和做。这三种方法中,每个人都有自己偏好的一种,第二种就作为辅助方法,第三种方法使用起来可能会比较不舒服。一些人很幸运,他们能够同时对三种方法得心应手,也有一些人没那么幸运,他们不能使用其中一种或两种方法,(比如,盲人学生就不能使用视觉这一方法)。下面的测试就将告诉你,你比较适合哪种记忆方法。

在课堂上,你可以用很多方法来学习。你偏好哪一种?
1. 听老师讲
2. 从黑板上抄录笔记
3. 基于课堂上学到的知识,自己开始做一些练习看完电影之后，你对去看电影过程中哪些方面记得最仔细？
1. 对话
2. 电影动作情节
3. 你自己做的一些事：开车到电影院，买票和爆米花

你怎样学习修理漏气的自行车胎？
1. 找一个朋友，让他描述如何修理车胎
2. 买成套的修理工具，自己阅读修理说明书
3. 找一个扳钳，自己摸索着怎么修理

如果你想记住美国历届所有总统的名字，那么你会：
1. 将名字都找个相关的事物来记（比如用车子的名字来记林肯的名字）
2. 看肖像记名字
3. 找一些关于他们的图片，然后贴上标签，放入相册

如果你喜欢一首流行歌曲，你最喜欢干下面哪些事？
1. 学习歌词
2. 经常看歌曲录像
3. 试着模仿歌曲舞蹈

你用思维的角度看待东西的能力如何？
1. 很差　　　2. 很好　　　3. 相当好

用手操作的练习，你做得如何？
1. 一般　　　2. 很好　　　3. 很差

如果别人给你读了一则故事，你会：
1. 能够很详细得记录下来（一些片断还可以逐字记下）
2. 在脑中形成故事的一些片断

3．很快忘记

在你小的时候，你最喜欢做下面哪件事？
1．阅读
2．绘图和油画
3．按形状分类游戏

如果你搬到一个新的地方，你怎样去熟悉周围的交通路线？
1．询问当地的人弄清方向
2．买一张地图
3．慢慢闲逛一直到你熟悉道路的分布

下面你最擅长记住的是：
1．别人告诉你的话
2．看东西的方式
3．自己做的事

下面哪个你能最形象地记住？
1．在学校学到的诗歌
2．母校的样子
3．学习游泳的感觉

当你做园艺的时候，你会：
1．知道所有花、草的名字
2．记得植物的样子，但是忘记它们的名字
3．专注浇水和修枝

你会：
1．每天都读报

2. 确保每天都能看电视新闻
3. 不用每天阅读新闻，因为你有更实际的东西需要做

下面哪项让你觉得最悲痛？
1. 受损的听力
2. 受损的视力
3. 受损的行动能力

测试答案

听力偏好者：

如果你的答案"1"占大多数，你偏好听力这一记忆方法。你喜欢听声音，特别是语言，你能很容易接收它们传达的信息。相比其他的一些学习方法，你更倾向于记住或理解用耳朵听到的信息。

视觉偏好者：

如果你的答案"2"占大多数，那么你偏好视觉这一记忆方法。你对视觉感观能力最强，通过视觉能够抓住最多信息。相对于其他的方法，你用视觉的方法能更好地理解以及记住信息。

实践偏好者：

如果你的答案"3"占大多数，那么你偏好实践这一记忆方法。你喜欢把自己的手弄得脏脏的。你能从实践中学到最多，你戴起手套做五分钟的实践演练胜过你坐在教室里花几个小时来听讲。你会发现，你不仅仅在一个类型的题目中有很好的答案。其实，很少有人只局限在一种记忆方法上。当然，你可以结合三种记忆方法，因为这样能大大提高记忆效率。如果你发现你很不习惯使用一种记忆方法（比如视觉），可能是你还没找出不能使用这一方法的问题所在。你应该做个视力检查或配一副眼镜，你会发现世界焕然一新。

第 6 章

提高你的内部主观记忆

主动编码和存储策略

无错误学习

无错误学习是一个需要理解的重要概念。有个秘密就是，如果你要求别人猜出答案，他们就更有可能记住。事实上，如果他们在指导下得出正确的答案，记住的可能性就还要大得多。

如果你问一个孩子"你能找到自己的足球吗？"他可能首先到床底下找，然后去卫生间，再到楼梯下找，并且终于在那儿找到了。下一次，这个孩子的第一反应可能仍然是先到床底下找。

解决方法：如果你换一种方法说"让我们找一下你的足球"。并且头或眼睛转向楼梯，孩子就更有可能做出正确的反应。

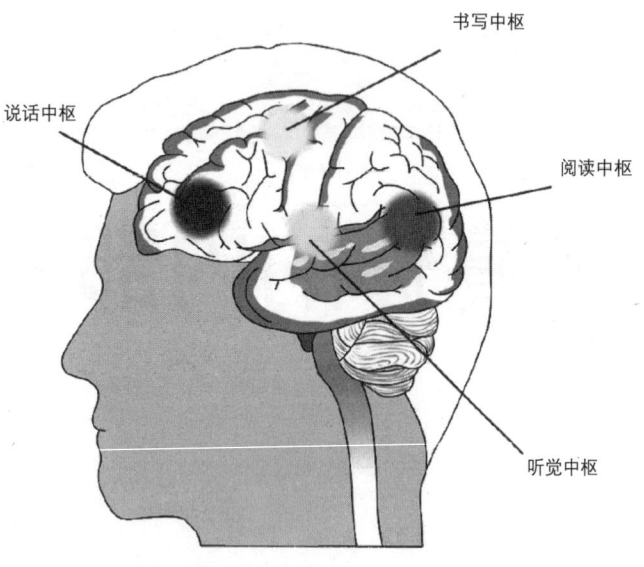

左侧大脑皮层上，分布着4个人类特有的语言中枢。

几条总的规则

更少是为了更好

第一条策略是问一下自己："这是不是我真的需要记住的？"虽然我们的大脑容量非常大，但你还是需要选择自己所需要记住的。试图记住太多新的东西可能导致干扰和负载过度，而这会让旧的信息更难以记起，要避免这个问题，就可能需要一定的筛选。

"我能现在就处理这个吗？"

你经常会有机会通过保证自己一接到任务就处理从而减轻自己记忆系统的负担，因为这样你就不需要对它进一步加工。重要的是要考虑你如何能让自己免于深度加工信息，从而可以让记忆对付更为重要的信息。例如，你没有必要记住每个人的电话号码，只要记住那些你经常打的就够了。

不要害怕提问

要养成这样一个好习惯，就是找到方法问别人要信息，如他们的姓名，这让你无须加工这些信息而且它也不会让你感到难堪。例如，如果有个你只见过一次或两次的人对你说："啊，非常抱歉，我记不起你叫什么。"你会感到受侮辱吗？可能不会。如果他猜错了你的名字，你受到的侮辱可能更大。在你犯下令人尴尬的错误（而且有第二次还会犯错的风险）之前，让他确认自己的姓名可能会是一个好主意。

事实上，无错误学习指出，如果你去猜人名，那么当你第二次碰见同一个人时，你记得的可能是你猜错的名字而不是正确的。无错误学习通过对事物的确认而不是假设另外的情况帮助你的记忆系统巩固正确的记忆。所以，不要去猜（即使机会是五五开的时候），出于你的礼节和记忆的考虑，还是再问一下的好。

死记硬背式学习

我们经常习惯于用重复的形式——例如，通过一遍又一遍地反复阅读来学习，这种方式叫作死记硬背式学习。研究确定这种方式事实上并不真正有效。设想你正在复习准备参加一场历史考试。就某一个主题，你就有许多的史实、日期和人名要了解。你翻看笔记、把关键的细节列出了一个清单，然后反复看了多遍。在考试中，你在回答论述题时十分得心应手，并且将你所记得的大约50%的史实、日期和人名尽可能地塞进答案中。可你还是只得了个"中",感到有点失望。

死记硬背式学习的毛病在于它只是一种浅显的加工形式。要记得更牢,就必须对信息进行更为深刻的学习,而且对信息编码的方式要让自己在很久以后仍然能有效地回忆起来。要做到这点,就需要在你的学习中增加意义,并使用额外的策略。

分块

把信息分成小块有助于回忆,因为你通过对资料的组织帮助自己记忆。分块在记电话号码时非常管用。2064116890 这个电话号码可以这样记:

2 0 6 4 1 1 6 8 9 0

这个信息就共有 10 个部分,而这对于你的运作记忆来说太长。如果你将这个号码分成三个部分,就容易记了:

206-411-6890

这就是电话号码为什么通常用空格或破折号分成几部分的原因。

条理性策略

你的记忆越有条理,就越容易学习和记忆。正像在一团糟的办公桌上或乱七八糟的房间里难于找到东西一样,如果你的记忆库的条理性差就难以记住东西。长时记忆的结果非常明确,存储库虽多,但相互之间都有一定的联系。因此,有组织的信息便于记忆。

从某种程度上来说,我们的长时记忆库有点像一个档案柜或电脑里的档案,其中主要的文件夹被分成几个小文件夹:我的账目、我的文件、我的图片等等。在这些非常笼统的文件夹里,存有一些小的文件夹,如第一季度、上周,或假期。除了有主题以外,这些小的文件夹还有日期和时间的条理。这种组织信息的方法使得信息在你需要时易于再现。

注意力集中的威力

如果你想要学或记某样东西，就一定要对它加以适当的关注。注意力集中让我们能处理信息，使之停留足够长的时间以备利用。它包含思维警觉状态、长时间全神贯注、不分心，并且有效地分配资源满足不同的需求。注意力集中程度差意味着不能摄入信息，而后记忆也就没有机会进入我们的长时存储库。通常的情况是，丧失记忆，或明显的"记忆力差"，仅仅是因为首次未能充分注意。虽然这实际上很明显，但你却不可以低估它的重要性。当你意识到这个简单的事实"注意对记忆加工至关重要"时，改善自己的记忆就容易了。

持续注意

我们大多数人过着繁忙的生活，有太多事情要做。由于有太多的琐事，我们不能集中注意重要的事情。因此，分辨重要的细节、人名，以及其他等等重要的东西的能力对于有效地回忆信息至关重要。我们已经进化到拥有一个系统来帮助我们注意（或不注意）一些事情。

持续注意指的是我们在一段持续的时间内保持对某件事情注意的能力。动机和思维的激发程度是影响注意的关键因素。要使你的注意力保持足够长的时间，以便加工信息进入记忆（即对其进行编码），就必须留意自己的持续注意界面——20分钟、40分钟，也许再长一些，这取决于你正在加工的信息类型。

案例

设想你正在办公室的电脑前工作，旁边的电视里的财经频道正在播出股票信息。屏幕上的东西太多了，所以无法全部留意——商务信息、好几组数据、主持人的谈话。你对节目的注意可能只能让你知道，大体上说，此时的股市情况尚还可以。

设想现在你突然听到了股市的某一个板块（时装行业）因为其中一家主要的时装公司破产而表现不佳。引起了你的注意，因为你手中握有的一些股票是叫时尚在线时装公司的。于是你开始收看收听任何关于这只股票的消息。你的注意力很大程度上在关注这个节目，留意是否会提到时尚在线。果不其然，没过一会儿，主持人就开始讲时尚在线。节目播完后，你把注意力转回到工作上，对电视充耳不闻。

设想你最后打算在网上卖掉自己的时尚在线股票，但你的电脑出了故障。你正在听电脑支持服务部门的指导。你也许对这些指导听得非常专心，但如果你真的越来越焦急的话，就可能会警觉过度。你的思维就可能会因为刺激过度而过了最佳状态，而这些指导就在脑海中变得一团糟。事实上，你要担心的事情可能已经够多了，以至于运作记忆已经没有足够的空间来容纳这些指导了。

管理注意力

当我们抱怨自己的注意力无法集中时，这通常意味着由于各种各样内外部的事情分心使得我们无法把注意力集中到自己正想要做的事情上。学会管理自己的注意力将帮助你把注意力集中到自己所期望的方向。

构建自己的发电站

集中注意力是记忆的发电站。不管你学到了多少方法和技巧，你的记忆潜能都不会完全得到发挥，除非你学会了如何集中注意力。并不是每个人都能做到集中注意力，虽然它很重要，而且我们从小就要接受集中注意力的训练。我在读书的时候，老师总会管束我们说："注意力集中啦，孩子们！"我们做得好的时候，她们也会说："非常棒！"东方文化里有许多很好的集中注意力的技巧，它们有着千年的历史，经久不衰：

点起一根蜡烛，摆在你的桌子前方。

盯着蜡烛看几分钟。试着记住所有看到的细节——颜色，蜡烛的质地，火焰的形状以及它移动的方式。在脑中整理好这一切。

测试

下面的 100 个数字是打乱顺序后排列的，请你按照顺序在里面找出 15 个数字来，例如从 1～15 或从 2～16 或 30～44 等，记录下你找到这 15 个连续数字所花的时间。

测试题：

12 33 40 97 94 57 22 19 49 60
27 98 79 8 70 13 61 6 80 99
5 41 95 14 76 81 59 48 93 28
20 96 34 62 50 3 68 16 78 39
86 7 42 11 82 85 38 87 24 47
63 32 77 51 71 21 52 4 9 69
35 58 18 43 26 75 30 67 46 88
17 46 53 1 72 15 54 10 37 23
83 73 84 90 44 89 66 91 74 92
25 36 55 65 31 0 45 29 56 2

评分与结果

这个小测验是测试你在集中注意力时的记忆程度。如果你在 30～40 秒内就找到了 15 个顺序数字，那你在集中注意力时的记忆程度就属于"优等"了，大约只有 5% 的人有这样的能力；如果你用了 40～90 秒，那只能算是"一般"；如果你在 2～3 分钟内才找到，那你就应该是个注意力不集中的人了。

现在闭上眼睛，试着在脑中记住刚刚看到的蜡烛的影像，越久越好。你最初的尝试可能徒劳无功。这个练习看似简单，其实不然。

再多试几次。直到最后，你就能在脑中持续保留所看到的蜡烛的影像。

集中注意力练习

当你集中注意力时，你还应该考虑别的什么事情呢？一则就是要组织好时间。要留出一定的时间来完成特殊的任务，不要占用这些时间。我们很容易坐定开始一项任务，然而这项任务并不是我们兴趣所在，因此我们便习惯性地开始走神想别的重要的事情。于是，想着来杯咖啡，然后去看看报纸有没有到，接听电话聊聊天。既然你已经拿着电话了，就会想着不妨给朋友打个电话，然后继续聊。如果你意识到了这些情形，那么你不需要定期进行注意力集中的训练，但是你要学会合理利用自己的时间，充分利用时间来完成任务。

当你制定时间表时，要时刻参照平常你一天的行程。不要因为别人的打扰而将复杂的工作分成好几次。你可以选择别的不易被打扰的时间（比如清晨），这些时间非常宝贵。

在工作进程中，如果发现事先安排的时间表不合适，那么你可以对它进行改动。这关系不大。重要的是你能够按照时间表的规定完成任务后，不会因为匆忙而心烦意乱。

分散的注意力

你想把注意力保持在某件事情上，但除此之外的所有其他东西会通过引起你的兴趣与之争夺。有时，你可能需要有意识地在脑海中同时保留两件或更多事情，这被称作分散注意（或者如果只有两件就称作双重注意）。通常情况下，你会根据需要选择性地转移注意，即，你会先注意更为重要的事情，同时把另一件事情保留在脑海中，然后在它变得更为重要时转而注意它。这是执行多重任务最最基础的技能。

案例

设想你还是在伏案工作。你想要做好一笔账，同时又想查一下时尚在线股票现在的表现，因为股市消息之后，股价开始上下波动，因此你正在考虑是否要将它出手。你所处的是一个敞开式的办公场所，当时里面一片嘈杂，因为有个团队被告知他们因工作表现不佳而需要改进。你的电话铃响了——一位客户想要查找一些信息。你边和她交谈，边再次查了一下你的时尚在线股票的在线账户。通话结束后你回头继续工作。闻到调制咖啡的味道就做了个手势表示也想要一杯。有个同事问你是否打算参加办公室之间的足球挑战赛。你又查了一下时尚在线股票。

在上一个案例中，你需要注意许多事情，但你仍能有效地进行处理。

这是因为大脑天然的注意系统帮助你集中注意你当时所需要做的以及下一项手头的工作。如果有太多的信息资料涌入，那么你就会一筹莫展，而且如果你同时做多项任务，就可能会出错。有些人擅长于分散注意，因而能同时做多项任务；有的人则更加讲究次序，即，更擅长于一次做一件事情。如果你对正在做的几件事情非常熟悉，那么分散注意也就相对容易一些。

驾车

驾车技术属于程序性技术。你也许花了一阵子去学，但自从你通过了考试并练了一段时间后，你现在甚至不假思索就开车。这是因为这项技术非常易学，以至于能变成机械的动作。机械记忆是我们最深刻的记忆之一，而且很难遗忘。所以，即使你 10 年没开车，你还是能上车就开。我们在开车时甚至还能做其他事情——与乘客交谈、看着外面行人过马路、从瓶子里喝口水，或者调一下收音机。由于我们正在执行一项非常熟悉的记忆程序，因此能随意地分散注意力。

使信息有意义

记忆是信息被感知和编码的产物。"意义之后的努力"产生更好的记忆。所以，使信息有意义会通过加深信息轨迹，使之比其他只有浅度记忆的对象更加明显，来提高我们的记忆。加工的程度越深，我们就记得越牢。

所以，如果你需要记住某个讲座、书上、专题探讨会、演讲，或交谈中的信息，关键在于要确实地关注其意义所在。也就是说，你的记忆系统正在努力使得信息有意义，所以，如果你能有意识地帮助它这样做是有利的。问问题也有助于我们的理解。

苏格拉底法

使信息有意义的一种方法是由希腊的哲学家苏格拉底发明的，并因此被称为苏格拉底法（有时被称作"引导之下的自我发现"）。它主要是询问一些你想要达到什么目标的问题。苏格拉底的问题往往是"我对此已经了解多少？"和"我从中能学到什么？"之类。换句话说，你正试图访问任何你已经为某个特殊类型的信息所写的剧本或计划，从而明白自己正在对它如何增补。

有一种记忆法可以帮助人们记住苏格拉底类型的问题从而帮助他们的记忆：预提阅总测。它们代表：

预览：粗粗看一下信息，了解它大体说什么。

提问：你希望通过看或听这个信息回答哪些问题？

阅读：看（或听）。

总结：什么是该条信息的概要？

测验：你找到所有问题的答案了吗？

用预提阅总测试一下你收看的电视节目或阅读的报刊文章，看它对你是否有用。

同他人一起讨论

就观点展开讨论对于你的记忆是非常有益的。通过这种方法，你可以描述你对某件事情的看法并得到别人的观点。你一旦真正理解了一个观点并能对它进行描述，那么今后记起它就容易得多，而且它还能自然地与你已经掌握的知识结合起来。如果你尚未完全掌握，或者知识中尚有缺口，那么它们就会在讨论之中显现出来并得到填补。

扩充已有的知识

新的东西在我们学习之前，要记住它可能看上去是一件令人生畏的事情。然而，我们一旦开始学习，知识的建立就越来越容易，因为它变得更有意义并构成了一幅图画。我们叫某些人专家就是这个原因：他们在创建了原始知识基础之后，越过通常的边界，扩充了自己的知识。

设想你计划去如南非的某个国家度假，这个地方自己从未到过。你对它有个特别的感知，也许是来自于在新闻中收看到的那儿发生的一些事件或是学校时上的地理课。到了那儿以后，你参观博物馆并租了一辆车四处游荡。在所有这段时间里，你一直在建立自己叫作"南非"的记忆信息库。

由于你的知识，当你在新闻中看到有关这个国家的事情时，它们就更有意义，因此你会加以注意并收听。你理解其中的内容，而且容易将它们加入自己的知识并记住有关信息。

学习时的联系策略

有意地将你所想要记住的同自己所熟悉的结对。即，创造一种联系，对你的记忆存储系统是有帮助的。有些联系易于建立，但大多数事物之间的联系不是十分明显，因而你必须更有创意才能建立联系。好在只要你能练习建立联系，就会逐渐对此擅长，而且一段时间后将能不假思索地这样做。

使用记忆帮助工具

它包括诗歌、有纪念意义的格言，以及其他可以用来唤醒你的记忆的帮助记忆的东西。你还可以自己造一些来帮助自己记东西。

形象化

要学会将信息同可视的图像联系起来。困难的材料可以被转换成图片或图表。具体的图像比抽象的观点理念更令人难忘，图片为什么更令人难忘就是这个道理。用一下你的思维之眼。形象化程度越是傻瓜，通常就越是有用。如果要记住有关其他人的信息，用形象化的策略就特别管用，因为我们对他人的了解是通过看他们获得的。

对人名的形象化

可视的图像对记住人名（尤其是外国人名）非常有帮助。你可能会注意到自己能记住更加具体和形象化的人名如苹果（听上去是一种水果）。然而，大多数名字要抽象得多，这就是我们为什么都不善于记住它们的原因。

在这些情况下,试一下将名字同有意义的可视图象来联系起来。

首先,想一下某人的名字是怎样写的。

然后,试一下将这个名字同某个容易记住的可视附属品联系起来,例如,麦克尔对着麦克风唱歌(麦克)。

例如,如果想要在参加聚会前记起某个朋友送过自己什么礼物,你可以这样形象化:

1. 穿拖鞋的小杰。
2. 喝红酒的孟娜。
3. 写日记的刘叶。

事件	联系	可视图像
你第一次遇见的一个人	同你的阿姨名字一样叫青青	想象你的新朋友同你的阿姨握手
你4月12号有个约会	你母亲的生日正好也是4月12号	想象正在陪母亲过生日,但不得不早走,去赴约会
你的一个新朋友喜欢喝茶	你的新朋友的名字叫丽莎	想象丽莎正在喝茶

定位形象化

想象成一所有许多房间的房子是一项有用的技巧。你有几个不同种类的信息要记,因而就把每种类型的信息放在不同的房间里。当你需要记起什么时,你的思维就会在房子里走动,顺路挑出信息。

找到出路

许多人的方向感较差,但这很容易通过练习来提高。试一下以下几条以到达你的目的地:

仔细地看一下一张真正的地图以形成一幅形象化的地图，并使道路形象化。当你在路上时，试着用思维之眼看地图。

如果道路错综复杂，在你上路之前在你的可视图像里加入有序的转向清单，那么在你去的时候就可以参照这个清单。

去了以后你还得回来。所以，在你去的时候，找一下路标（务必确保在你设计自己路线时注意了关键的路标）。这将有助于你回家。

脑海中的演练

主动再现

还记得即使没有受到其他信息的干扰，信息也只能在你的运作记忆中停留最多 30 到 40 秒钟吗？运作记忆还有大约七个空间的极限。在自己的脑海中演练信息是有助于保持事物存在的一种方法。要做的只是在头脑中反反复复地重复。在演练时，试一下为信息加上意义，因为这可以使它更容易被深刻地记住。

扩大的演练

如果你需要把信息保存更长时间，而并不仅仅是收到后写下来，在不断增大的间隔重复该数字（或清单）是一个非常有帮助的策略。它被称为扩大的演练。以 5 秒钟演练一次开始，然后 10 秒钟一次，20 到 40 秒钟，再是 60 秒钟，以此类推。这意味着你在不断加大的时间幅度中回忆着信息。

归类演练

归类演练是另一个有助于你组织记忆的策略。设想你有必要记住一份清单，上面是你要赶在圣诞节最后一秒钟去买的东西。

清单上写的是：贺卡、柑橘、围巾、啤酒、包装纸、红酒、笔、镜框、袜子、磁带、牙膏、金币巧克力、巴西坚果。

按以下重复这份清单将有助于你认识并更好地记住：

节日文具用品：贺卡、笔、包装纸、磁带

给家人的礼物：围巾、镜框、袜子

饮料：啤酒、红酒

假日食品：金币巧克力、柑橘、巴西坚果

其他：牙膏

这种有效地突出和引出具体项目的方法正是所谓的归类演练。出现的意外是有时有些东西不能较好地归类，如本例中的牙膏。因此就有必要在你帮助记忆的归类咒语中加上"其他：牙膏"。

进一步划分归类

设想你现在可以迈着轻松的脚步去购物。在你脑海中也许有一套所需购买的东西（食品、给你的女婴买些东西、工作所需物品）。在去商场之前，你可以按照要去哪一类的店铺来组织信息，然后设想将它们做进一步的分类：

超市	蔬菜	胡萝卜、蘑菇、菠菜、
	家庭用品、	洗涤剂、垃圾袋
	奶制品	牛奶、酸奶、奶油
	婴儿用品	棉花球、尿布疹霜
办公用品店	电脑	桌子
	磁盘、打印机墨盒	新台灯

树状图

如果你确实在自己出发之前将所需要买的东西按一定的次序理顺，就能记得更多自己所要的。画一张树状图是一个好的诀窍。把不同的店铺想象成树的枝杈，店铺里物品的种类就是分枝，而个别物品就是分枝上的树叶。

第 **7** 章

提高你的外部客观记忆

再现策略

如果你已经使用了策略进行编码和存储,那么你的记忆再现应该已经得到了提高。如果你仍有信息自己想访问却不能完全找到,那么,针对这个还有一些有用的策略。

目录搜索

用目录搜索可能是再现的有效线索。例如,你已经到了超市却忘了带写好的清单。当你在过道里走来走去时,想一下你在哪个区域并思考一下自己在食品目录下可能需要什么。

形象化搜索或脑海回顾

使用形象化搜索也许可以再现记忆,特别是针对你放错地方的东西,它包含按逻辑顺序在脑海中回顾自己的动作、活动,以及想法。例如,如果你找不到自己的钱包,就试一下想想你最后一次付钱是在什么地方。你把钱包放进自己口袋里了吗?查查看口袋里有没有。如果不在那儿,努力想一下从那以后是否用过钱包或者把它放在了别处。

实例

"我把手机忘在哪儿了?"

在走进这个房间之前,我在接待处签到。在此之前,我在车上。我把手机忘在接待处了吗?不会,否则他们会提醒我的。我把它忘在车上了吗?我想不起是否将它带到了车上。好吧,上车之前我在哪儿呢?我在家里。我记得拿了电话,关上了门,然后将电话放进自己口袋里并上了车,然后将它放在了仪表板杂物箱里。啊，对了，我把电话放在了仪表板杂物箱里了。

前后联系提示

在脑海中将自己放回到你所处的前后联系中可以帮助你更好地回忆。例如，试一下是否记得两天前午饭吃的是什么？让思绪回到所说的那天。你在哪儿？在哪儿吃的午饭？和谁在一起？吃了什么？现在你也许记起来了。

总结

再现策略有助于为了特殊的目的而加工信息。你可能只需要这个信息一会儿，但也许你会在下半辈子都需要它。重要的是根据你的记忆类型、需要加工的信息的种类，以及你的需要，来选择对你有用的策略。

可能需要花些时间才能习惯于使用策略。在开始的时候，它甚至可能还会让你慢一拍，但它是有帮助的，而且很快它就开始给你回报。

我们还能做其他什么事情来帮助自己记得更牢和更有效呢？有一条普遍的错误观点认为，如果你依赖于一个写下来的记忆系统，就不能提高自己的记忆力。而临床医学研究所揭示的真相恰恰与之相反。事实上，正是那些使用结构系统写下并组织信息的人比只是试用主观策略（他们经常忘记使用的）的人在记忆技巧上显示出更大的提高。写下并思考信息的举动似乎比仅仅试图去记住它更能锻炼记忆系统。

时间管理

这是提高你的计划性和条理性并最终提高自己记忆表现的一个有效方法。你们许多人听说过这个观点，但它的真正含义是什么呢？答案是通过创建一个系统来有效地处理并享受工作和人生。我们每人都有不同的做事方法、不同的义务和其他等等不同，而且没有任何计划能像处方一样开出，但你仍然可以应用一些基本的原则：

草拟一份人生计划。

使用电子管理器。

把事情做完。

委派任务。

列出清单。

学会说不。

不要工作得太晚。

这些都将在下面得到详细阐述。

草拟一份人生计划

人生计划的重要之处在于它不仅包括你的工作还包括你的整个生活、关系、家庭、朋友、健康、日常琐事等等——它们每一样都得编织进你的计划。草拟人生计划可以分两步走。

1. 做一个周计划

它能帮助你计算出：

什么事你花的时间最多

什么是你喜欢做却没有做的

你有没有花足够的时间在家庭上

你访友的次数够不够

你有没有时间做日常琐事

这样做可以让你有机会仔细地看一下你在工作、家庭和休闲之间的时间分配比例，并帮助你计划恢复平衡并同时掌控所有的事情。

2. 做一个月度计划

在这个计划中可以使用电子管理器，因为它能让你一次性看到整个月。分配好工作时间后，试着给家庭、朋友、身体锻炼、特殊兴趣、特别项目、购买食物、付账单等等安排成块的时间。确保你还留有一些空余的时间缝隙，因为你不想让生活太军事化管理因而需要一些计划外的事情来调剂，如给自己的自由支配时间或者一时冲动外出旅行。也不要一周每个晚上都有安排，因为你会发现自己如果过度劳累，就会开始感觉有些失去控制，并会注意到短时记忆和任何复杂的事情变得完全不同。

使用电子管理器

电子管理器是一个十分有用的装置。有些管理器能让你的手提装置以及在家里和工作中的其他电脑拥有同一个日程表。当你在外面到处走时，你可以将数据输入你的手提装置（就像日程表），然后使办公室和家里的同步，因而无论你在哪里都可以查对。如果你愿意，你还能将自己的日程表提供给合作伙伴以免安排重叠。

把事情做完

有个好技巧就是在估计某件工作需要多长时间时多估一点，以保证及时完成，即使是万一有不可预见的拖延，也能使紧张最小化。这甚至可能意味着能比预想的早回家，给自己的伴侣或家人一个惊喜。它会给你的老板或客户留下一个印象，因为他们感到可以信任你会高标准地准时完成任务。最重要的一点是它能让你避免处于紧张状况之中，因而就能更加放松并发挥出非常好的功能，包括记忆。下面是几条指南用来帮助你完成任务。

· 把一个大的任务分解成几步。

· 估计出每一步需要的时间并制订一张实际可行的时间表。

· 为意想不到的拖延计划好足够的时间。如果是创造性的任务，要计划好灵感产生的时间。

委派任务

你是否是一个能委派任务的人，或者是否会有以下这些感觉：

这件事情自己做更容易。

这件事情我做得更好。

有时间做解释，还不如自己做。

如果我教会了其他人，我对公司就没那么重要了。

实际上，能够有效地委派任务是一项伟大的技能，因此，如果你还不会，那就学吧。它能解放你的时间。我们都在努力学习，所以干吗不通过教会别人把自己已经知道的委派出去呢？他们会因此而尊重你，同时这又能让你有空接受新的挑战，继续自己的学习。这当然意味着你更加放松，而且有着更集中的注意力和更好的记忆。

列出清单

列清单对你有非常大的帮助。它也是将你头脑中的想法取出来写在纸上，从而解放你的大脑的一个好方法。它们能帮助你时时掌控局势，并在有关项目完成后进行核对。开发一个适合你自己的清单系统。你可以从以下几条做起。

早晨的第一件事，写下你要做的每一件事情，无论大小。

然后将这份清单进行分解。把当天必须做的最重要的事情用星号标出，或将它们按照重要性的次序排列。现实一点，不要希望制订自己没有时间达到的目标。

查对项目，因而能清楚当天还剩多少时间以及还有多少要做。如果你有条理就能做完每件事情。

如果有许多费脑费时的任务要完成，就把当天的时间分成几大块，然后按照既定时间进行。例如，用一天的第一个小时完成小的行政事务。这样，你的大脑就能解放出来，去一个一个地处理更为重要的任务。保持掌控就能更好地集中注意。

为了最大限度地利用你的时间，尽量在一天当中你的注意力和精力最好的时候干最难的活。

因此，在计划次序时尽量把低级的工作安排在一天当中你感到难以集中注意的时候去做。窍门是明确自己表现最好的那几个小时，并据此安排自己的工作。

学会说不

我们从不知道做什么能让那些极度"工作无序"的人（幸运者）说不。这很难做到。然而，管理其他人也是生活中最造成混乱的因素之一，而有效的时间管理和处理技巧就取决于你学会了说不的技巧。好消息是你用得越多就越容易。与通常的想法相反，你还会越受人尊重。有时，在某些特定的场合你不能说不，因此，重要的是确定什么重要什么不重要。大多数事情是不能等的。

案例

星期四晚上，你正打算回家。你事先已经对这一周进行了周密的计划，可以在下午5点离开，回家享受一下夏日之夜。你感觉到一切在掌握之中并且心情放松，享受工作与生活的乐趣。

有个同事打电话来，说她已经在下周一下午3：30安排了一个销售展示会，要求你参与会议准备。你十分尴尬，因为感到自己很难说不。

让我们看一下两种可能的结果。

1. 你说好的。

这意味着你不得不取消已经安排好的同老板的午餐会议——讨论你的

星期五

打开信箱浏览邮件。
付电费。
买牛奶和鸡蛋。
完成书面报告的初稿。
查一下电子邮件。
就水龙头打电话给管道工。
打电话给大个子叔叔。
午餐。
根据重要的电子邮件和信件采取行动。
开始算月度账。
再查一下电子邮件。
晚餐。

前途，不得不打断你周五的计划，因而能为演示作准备，不得不在周一开两个半小时车参加会议。通知得这么晚、会议也不是什么紧要，而且也可以安排别人，对此你感到有点懊恼。

你的计划受到了打搅并开始感到紧张，因此回到家时心情不快。因为你并不真正想参加会议，所以对它也就兴致不高。周一到家晚了，而你仍然未和你的老板讨论自己的前途，而且因为老板很忙，然后要去度假，所以一个月内不可能再安排一次与他会面。你的同事下次还会要你帮忙，因为她知道你一定会说好的。

2. 你说不行。

考虑一下。你已经花了时间对下一周做好了计划，而且安排好的每件事情都很重要。参加这个会议意味着将取消你盼望已久的与老板的午餐会议——讨论自己的前途。这个会议是个销售会议，而且不是十分必要在周一举行。所以你说不行。你说对不起，自己那天已经有了安排。你解释说自己的日程安排总体已经较忙，因此需要再提前一点通知才行，并建议重新安排会议时间，那么自己很乐意帮忙。

虽然你的同事说她接到通知也没多久，而且听上去有些不满，但你不用过于在意。你很高兴自己做出了正确的决定。这不是你的问题，而仅仅因为你的同事把她自己弄得紧张不堪，并不意味着你也应该被逼到绝境。你按原计划行事，保持轻松，掌控一切。

不要工作得太晚

如果你有条理，那么几乎总是没有必要工作得太晚。工作得太晚让你又累又紧张，而且干扰你的自由支配时间。当然，我们时不时地都不得不工作到晚一些，但如果你发现自己经常性地工作到较晚，那么你就很有可能需要更好地对待你的工作负担问题了。也不要期望以工作到较晚来给你的老板留下印象，因为他或她甚至可能认为你对事务难以驾驭，因而你想要留个好印象的企图可能适得其反。比它好得多的办法是规划自己的时间、努力工作、保持精神抖擞，并且不要让工作太多地侵占自己的个人时间。

我们不应该忘记的是，我们是为了生活而工作。为了自己的身体健康，或是为了个人的关系和思维状态，适当的时候最好先把工作放一下。就你的身心健康而言，平衡是根本。

二八法则

意大利社会学家威弗雷多·帕雷托（1843～1923年）提出了一条后来被称为帕雷托法则的理论。根据他的观察，许多人花了80%的时间在他们的工作上，却只产生了大约20%他们所期望收获的结果。他认为这是对我们的时间和能量的极大浪费，并列举出了能应用在我们的项目和工作中的一些特有的"有高度影响力的任务"。执行这些任务能产生对普通形式颠倒的效果，因而只要在项目上花20%的时间，我们就能收获80%所期望的结果。

有高度影响力的任务	有利之处
重新评价时间安排表	将你目前的状况同自己过去所希望的进行比较，然后重新调整所要关注的优先点
设定短期目标	有助于区分任务的优先次序
同关键人物建立联系	有长期利益并且有助于计划进度
处理紧急和重要的商务	腾出时间给其他项目

区分任务的优先次序

通过区分自己工作负担或者其他活动的优先次序，你将能将注意力集中到那些至关重要的任务上，因而避免使自己的时间安排表拥挤不堪。将你的职责分成以下四类。

重要和紧急的做！	重要但不紧急的计划一下！
紧急但不重要的删除，商量！	不紧急也不重要的不去管它！

1. 重要和紧急的。

处于这一类的任务具有优先权，必须马上就做。

2. 重要但不紧急的。

这些任务虽然仍很重要，但因为他们不紧急，所以可以在将来某个适当的时间去完成。

3. 紧急但不重要的。

它们是对你的主要干扰，因为这些任务通常对别人来说紧急但对你来说并不重要。你的选择是拒绝、找别人去做，或者商量改变时间限制。

4. 不紧急也不重要的。

这些任务可以完全被抛在脑后（直到它们转为上述类别之一）。

提高自己的组织能力

不要丢失日常物品

养成总是把东西放在一个地方的习惯。例如，在门边放上一排钩子，总是将自己的钥匙放在那儿。

将重要的信息存档

将银行的报告、账单，以及其他这类东西分开存档。这样就能帮助你记住哪些你已经做了，以及哪些还需要去做。

列清单

列出所有你需要做的，记得将它们按先后次序排列。然后每当自己完成一件就将它划去。

为明天做准备

每天晚上，仔细考虑一下自己明天需要什么，然后在睡前整理好自己的行囊或公文包。这样就能避免在最后一分钟还匆匆忙忙，以致忘了自己当天所需的重要东西。

在门边放一张清单以便在自己离开时查一下是否一切完备。

为明天做计划

你可以把这个系统扩展为针对每一天的改良清单。试着在每天结束时划掉所有的事项，然后在晚上就能放松休息，睡得更好，精神焕发地迎来另一天。

为下周做计划

星期五的下午对下周所要做的所有事情进行统一安排。把你需要做的工作、家务事，或者学习进度列出一张清单。对它们区分优先次序，同时注意对你能做多少尽量现实一点。从时间关系上看一下你所计划要做的事情以及其他的事情，然后决定你的计划是否最大程度地利用了自己的时间。在一周结束时写出这样一份清单能让你头脑清醒地过个周末，这意味着你因为知道一切在自己的控制之中而可以放松地休息。到了星期一早晨，你知道自己能在下一周里完成自己所需要做的，而且不会忘记重要的事项。

周日	周一	周二	周三	周四	周五	周六
			1 计划会 15：30	2	3	4 看望 父母
5	6	7	8	9 图画课	10	11
12 母亲 生日	13	14 学校 开学	15	16 图画课	17 牙医 14：00	18
19 网球 14：00	20 交电 话费	21	22 完成 报告	23 图画课	24	25 一日 游
26	27	28 打电话 给会计	29	30 图画课		

使用外部客观帮助工具

帮助你的经历性记忆

只要用一个年历或者电子管理器就能容易地帮助你记住自己在何时何地做何事。作为计划的一部分，你会记录下在何时何地在自己一生中发生的事情。如果你想要记住自己所做的细节，甚至可能还保留规划。

帮助你的语义性记忆

一个记录人名、日期、电话号码、地址,以及谈话的有组织的系统能帮助你提高自己对事实和信息的记忆。用一个私人录音机记录讲座和会议,以及自己的评价。写些条注并标出它们的联系以帮助自己记住它们。整理你的档案系统以便自己在需要时能回头参考一下。

管理日常事务

有些最简单易记的东西在忘却时最令人懊恼:找不到自己的钥匙、把自己的手机忘在某个地方、忘了付账单、想不起约会的时间。这些是我们时不时都会碰到的日常问题,但它们也最容易解决——你所要做的只是使自己更有条理并使用一些外部的客观帮助工具。

使用日历

在家里的墙上挂一幅大的日历。详细列出你所有不同的任务、约会、课程,及其他,把它们写上去,就当已经定下来了。这要事先做好(你可能喜欢用周历或月历),并确保自己确实了解自己什么时候要做什么。如果自己忘了,还可以参照一下。

用本笔记簿

如果当你早晨醒来时头脑中有很多事,那就尽量把你的想法和任务写在笔记簿上。这本笔记簿最好颜色艳丽以便你找起来容易一些,最好不会散开,而且有页数编码。把每一个登录条目的时间也写上,因为它在你忘记时也能作为有利的参考。

埋单

经常性地,账单来了以后几个星期也没注意,或者被丢在文件堆里找不着,一直要到最后通牒来了才想起。在一个固定的地方(例如卧室)放上一只篮子或是盒子，把自己所有未付的账单放在那里以便你能经常性看见它们。一旦有可能就把账单付了，并在上面写下付款的日期以及付款的方式，这样你就有了何时和如何付款的记录。然后将所有已付账单按照类型（煤气、电、水等等）放到一边。

整理记录

例如，如果你自己开公司，那么，针对收据或其他纸质的东西做一个类似的系统对你是有帮助的——没什么比不得不到处去找整个一年的收据、银行单证、发票等等更令人讨厌了。建立一个年度档案然后每几个月更新一次。也可以考虑在电脑中做一个电子表格来逐月跟踪自己的预算；这样不但能节省时间，而且还能帮助你控制自己的财务状况。

在旅行之前，把行程安排写下来并随身携带。

在电话旁边放上一本笔记簿记录信息。

在墙上挂一本日历记录约会和其他重要的信息。

用日历来跟踪约会和会议。

控制自己所处的环境

客观外部的干扰

不管你是在家里或是在办公室里，都会有许许多多客观外部的干扰能严重影响你的注意力和记忆。它们有：电视机、收音机、电话、采光度、温度、人声、交通噪音，等等。你可能认为自己对此无能为力，但有些是你完全可以控制的：

关掉电视机或收音机。在午饭或傍晚才放些自己喜欢的节目作为对自己的奖励。

关掉手机。可以在午饭时间或下午查看是否有短信息。

关掉电子邮件。电子邮件也许是现代社会中最大的客观外部干扰之一。同样，只要在一天当中隔段时间查看一下就行了。

你还可以控制其他的东西，尤其是当你不在家工作时：

把房间的温度和采光度调到自己感觉十分舒服为止。

把自己的工作地点或办公桌安排在不太可能受到诸如交通或电话铃的噪音打搅的地方——可以竖个隔断或不要面向开着的窗户。

内部主观干扰

你可能正在考虑其他事情——午饭准备吃什么、今天早晨邮寄来的账单、今天晚上准备干什么、正在和你谈话的人穿的衣服，等等。所有这些念头都会让你分心并干扰你处理事情和摄入信息的能力。下面的情况有多少次发生在你身上？

你看了一段东西，可到头来根本记不得里面说的是什么。

你和某人谈了一次话却随后就忘了到底谈了什么。

你问了路，却忘了别人告诉你的大部分内容。

你记不起别人在会议上给你介绍的某个人的名字。

你在参加考试、听讲座或谈话时无法集中自己的注意力。

对内部主观干扰的处理

有许多处理内部主观干扰的方法可以让我们学会了使自己能集中注意力，从而记得更好。

1. 使用外部客观帮助工具。

它们能使你的大脑排除干扰。手头随时放有一本笔记簿，把你今天所需要做的所有事情写下来。当有新的事情出现时，把它们加到清单里去，这样你就不会担心记不住了（而担忧会使你不能集中注意并进行适当的加工）。每做完一件事情，就把它从单子上划掉。这会让自己感到有所成就，因而将身心放松并更好地集中注意力。

2. 完完全全地听讲。

如果你在上课或听讲座，你自然倾向于尽可能地把所有的都写下来。然而，坐稳，放松，听那个人在讲什么，从而对主题建立一个整体的概念。如果你能拿到讲座的讲义就更好了，这样就完全只需要听讲了。大多数人没有意识到的是，大多数东西已经详细地写在课本上了，因此可以在之后加以参考，而首要的是听讲。

3. 制订一张含有定时休息的时间表。

对于像复习迎考或做项目这样的任务，做一张时间表以保证自己每天准时开始和结束，并且按照事先安排的时间定时休息。你还应该去掉晚上和周末。如果你能在时间表里完完全全地集中起注意力，那么无须没日没夜地干就能完成你所需要做的——没日没夜地工作只会让你疲惫不堪、情绪急躁，而且基本上不可能集中起注意力。

4. 清理自己的大脑。

如果你有一个重要的任务要完成，那么就在当天开始之前或在当天的第一个小时把所有其他的任务完成，这样你就能将自己大脑中的内部主观干扰清理出去。对任何其他的任务或干扰加以拒绝。

5. 抱着积极的态度。

如果你把任务看得很枯燥，那么要对它集中注意就越加困难。然而，大多数事情并没有你想象得那么枯燥，而且，如果你抱着不同的、更加积极的态度去看到它有趣的一面，或高兴地感到自己正在用自己的知识做出贡献，这样就比较容易了。

快捷参考指南

工作时如何应付

在工作时，对于完成项目来说，迄今为止最大的障碍就是我们大多数人每天所面对的一定数量的任务。某个特定任务的进度将会因为其他工作需要紧急处理而中断，而这又经常会导致紧张。如果你集中精力在完成自己的目标上并能管理工作中的干扰，就能在你生活的各个方面发挥更大的作用，因而降低可能对你的记忆乃至整个身体状况产生影响的紧张程度。

达到目标

首先瞄准的应该是试着达到你为自己设定的每天或每周所要达到的所有目标。案例1、2展示的是两个不同的场景。

案例1

欧先生总是忙忙碌碌的，但每天晚上下班回到家后总是认为自己收获甚微。每到一天结束的时候他感到疲惫不堪而且常常有失落的感觉，因为他发现自己被其他人拖得团团转。这些阻碍了他成功地完成自己当天的任务和目标。

症结所在：

欧先生没能将他的日常工作区分优先次序，并且不断地被抓住去应付别人的优先事情。

解决方法：

这种方式可能听上去有点熟悉。要更加有效地管理自己的时间和精力，并集中精力在自己的重要任务和目标上，欧先生可以做两件事：

1. 区分优先次序。通过将工作负担区分优先次序，欧先生将能够集中注意力在至关重要的任务上，因而避免了让无关的义务将他的时间安排搞得一团糟。

2. 运用二八法则。如果欧先生在执行每个任务时花些时间运用策略(计划、设定目标、建立关系、创立有效的系统和程序、开发关键的技巧)，他不久就会发现它们能更顺利地进行，而且他还能省出一些时间来处理当场的问题。

案例2

安女士是一个非常善于做计划的人。她用星期天的晚上和她的丈夫及两个十几岁的孩子一起为下周做计划，分配家务活以及区分并撤销他们排得满满的时间表中重叠的部分。她在多出来的时间里和自己的家人待在一起，并将一个闲置的卧室改成书房。安女士将家庭的一周计划看作是自己高层次的任务之一，虽然无须花费太大的努力，但它能让她和她的家人有更多相聚的时间，而且又让她有时间完成一项工程。

安女士的成功在于她将家庭的一周计划当作是一项高层次的任务。通过组织起来用星期天晚上只不过一点点的时间事先做计划，她和她的家人节省了一周中宝贵的时间。

对付办公室里的干扰

许多人现在在开放式办公室工作。虽然这种布置有其优点，但学会适应这样的一个环境则可能需要一定的技巧。另外，要顾及电子邮件、传真、电话，而且有时似乎你根本没一刻钟可以用来做自己的工作。那么，你又如何能应付这样的环境，克服干扰并发挥自己的最佳表现呢？请看如下案例。

案例3

简女士在一家保险公司工作，她是一位工作勤奋的经理。她坐的"小间"里共有四个人。她的工作搭档坐在她对面。她的桌子紧挨着主过道。

症结所在：

由于在过道里走来走去的人经常过来闲聊，简女士发现自己难以有一点时间来做自己的事情。她的直接工作下属对什么事情都不假思索，只知道问她，而这又往往打断她的注意力。透过旁边的挡板她还能听见其他人打电话的声音。

解决方法：

对于像简女士发现自己所处的这样的环境，你可以做许多事情来改善它。

把你的工作站换个地方，这样你就不再面对过道，避开所有走过的人——他们也就不太可能在你后面打搅你。这还意味着你不再直接与坐在对面的同事对视。

安排时间召开定期会议让你的直接下属提出问题。

如果可能的话，加高挡板，这样你就看不见也听不见隔壁的人了。

关掉电子邮件。一天查几次就行了。

按规定的时间段打电话，并鼓励你的直接下属也这样做。

在想要做完某件事情时，把电话来电设置到声音邮件，然后在告一段落时回电。

日常记忆问题

这个方面的问题包括忘记名字和数字、忘了自己把东西放哪儿了、回忆不起日期、忘记了自己走进一间房间要干什么，等等。好在尽管几乎每个人都有同样的问题，但只要稍加练习，相对来说它们其实还是容易克服的。

记名字

许多人认为他们的记忆力不好，因为他们记不住名字。如果你是其中之一，那就放心，不光就你一个。关于名字，要说的第一点是它们真的非常抽象，因而难以"加上标签"。有些名字我们记得比其他名字更牢的原因通常只有一点。例如，像月美、王山、安平这样的名字要比欣明、小明，或者丽雅好记些，这部分是因为它们更加"可以想象"，即，你可以将它们同地方、昆虫和花等等联系起来。也就是说，你应该建立联系。当有人给你介绍时，试试以下几点：

首先，仔细地听他的名字。

对他说一次他的名字："很高兴遇见你，亚明。"

再用一次他的名字："那么，亚明，你是干什么的？"这对巩固你对这个名字的记忆有所帮助。

用你的思维之眼将他的名字形象化。

如果可能的话，将他的名字同某样东西联系起来。例如，亚明来自云南、戴着眼镜、眼眉突起、棕色的头发。这在你再次遇见他并开动脑筋想他的名字时特别有用。

如果把这个人设想成一个好笑的场景也是有所帮助的——亚明坐在山顶上，皱着眉头，找他的眼镜。

记号码和日期

这是另一个日常难题。如果是日期，就拿一个日历，每次都提前一个星期看一下。如果是重要的号码，试试下面的技巧：

把它们分组。

把写下来的数字形象化。

看出它们在（电话机或 ATM 柜员机）键盘上构成的空间立体图案。

把它们写下来。

如果你有手机，就把它们存进去。

然而，你不必记住每个号码，面对不同类别和重要程度的号码，就采取不同的方式。

不丢失日常物品

要有条理，并尽量养成总是把东西放回原处的习惯。如果你丢了东西并想很快找到它：

回想一下自己最后一次是在哪儿拿到的。

尽量想象一下你拿着它干了什么。

到自己经常放它的地方找一下。

记起自己为什么走进房间

当不记得自己为什么走进房间时，逐步进行以下步骤直到自己想起来：

集中注意并尽量不要受到其他念头的干扰。

回想自己来自何处并在脑海中追溯自己的脚步。

回到自己开始来的地方。这使你回到了原来的上下关系中并使你的记忆得到提示。

"舌尖"现象

我们对此都非常熟悉——有些事情，像一位著名人物的名字、一本书里的人物，或者某个地方，就在嘴边，可就是想不起来。试试下面几点来激发回忆：

想一下可作提示的前后关系或相关的对象。

放松——紧张会让你无法想起。

想象这个人或这样东西看上去什么样并在脑海中建立起一幅图片。

找到自己的路

在你动身去某个自己从未去过的地方之前，花些时间：

在地图上设计一条路线。

在头脑中将这条路线形象化，以便在脑海中形成一幅图片，这样你就可以凭记忆到达目的地（而不是不得不停下来查找）。

在地图上圈出自己要去的地方，以便万一自己需要查地图时能快速地找到它。

（用箭头和大字）把各个转折方向列出清单以备旅行中参考。

在你问路时：

仔细听你所问的人说的话。尽量集中注意他在说什么（而不是，例如，他穿的什么）。

把他所说的形象化。

将他所说的总结一下——"那么，我应该左转、右转、再右转，然后左转。对吗？"

在你动身之前，用片刻来回顾一遍这些指示，然后在路上对自己重复它们。

如果那个人说得太快或者不太清楚，在他说的时候重复每一步，从而使他说得慢一些，同时加强自己的记忆。

复习应考

考试是让每个人都害怕的事情。但记忆有时往往跟我们搞一些恶作剧，就在我们最需要它的时候，我们的记忆不行了，最终导致而我们考砸了。即使我们完全能够通过考试，然而，我们日常的学习和记忆方法可以也极大地影响我们随后在考场中的表现并加强自己的记忆。

案例1

月明的考试成绩总是不太好。她总是把复习推迟到考试前两周，因为她不相信自己如果早些复习的话也能记得住。然而，当她开始复习并意识到自己有多少要学时，又陷入恐慌。"我又怎么能记住所有这些信息呢？"无论她把笔记看了多少遍，就是塞不进脑子里。她日日夜夜地苦读，喝了许多的咖啡以便帮助自己保持清醒。稍微休息一会也会让她感到有罪。在参加考试之前，她变得十分紧张，因为她就是感到没有准备完备，而当她坐下来开始考试时，她的脑子成了一片空白。她似乎什么也记不得了。她肯定地认为自己就是不够聪明。

案例2

大山的考试成绩很好。他在几周前就计划好了一张复习时间表，其中不包括周末和晚上。他保证自己每天都锻炼并吃得好。他安排复习讨论会和同学们一起做专题讨论。他将自己的笔记进行总结，并在纸的一边将自己笔记的次序进行形象化。当他到达考场时，他休息过了，因为他已经睡了一夜好觉。他感到准备充分因而心情放松并且能集中注意。他对科目有彻底的理解，因此能根据问题的方式来运用自己的知识。他自信自己会考好。

如何有效地学习

案例1和2叙述了完成复习应考任务的两种不同方法。

小结：

大山的复习比月明的要有效得多。要想学他的样子，就试试下面的计划。

保证自己去上所有的课、听所有的讲座，仔细听讲，认真思考，并提出问题。提问题可以帮助自己弄清楚不太明白的地方，而更好地理解可以帮助你更好地加工信息。

在你开始复习时，设计一张时间表并遵照执行。留出足够的放松和娱乐的时间（午饭、下午的小点心，等等）。

从通读一个专题的笔记开始，然后总结出主要的几点。

做些额外的阅读以便使笔记更加易记、有意义和有趣。尽量看出不同主题之间的联系以便建立起更有意义的一个总体概念。

躺下来，闭上眼睛，并试着去理解材料。和同班同学进行专题讨论是有所帮助的。如果你对某件事情没有完全理解，那么要想在考试中将它重现就难了。

对于公式、引用，以及类似的材料，尽量创建帮助记忆的工具，使它们更加容易被记住并挂上记忆"标签"。

即将开始考试之前，想象一下自己写下的要点的序号。在考试时，用你的思维之眼"看"这张清单。

身体健康是重要的，所以要吃好和睡足。

年龄的增长

随着我们逐渐变老会更经常性地出现记忆力下降，因为和我们的身体一样，我们的大脑开始变化，通常的记忆问题会变得更频繁地出现。听觉和视力的减退也会影响记忆的发挥。我们加工信息的速度也会发生变化，而且我们的"协调性"变得不如以前。

随着自己变老，摄入新信息和回忆事情的能力受到特别的影响。每个人的变化程度有很大的不同，但正常的老化通常只会带来轻微的或偶然的困难。然而，这些记忆变化会引起失落、焦虑和挫败的感觉。对这些感觉的理解会是一种巨大的帮助。

使用策略

试试用以下策略帮助自己的记忆：

- 在电话机旁边放上一本笔记本记录来电和信息。
- 把重要的信息贴在电冰箱上。
- 不要害怕写东西,因为这有助于你的记忆。
- 把诸如钥匙和眼镜之类的物品放在一个固定的地方。
- 在挂历上标出约会和其他重要的信息,并养成每天看一下的习惯。
- 对将来的约会做出计划,同时也便于回顾自己过去所做的事情。
- 列出要做的事情的清单,每完成一项就将它划去。
- 当你在思考以后要做的事情时,用一个私人的录音机将自己所说的录下来。然后就可以重放,提醒自己。
- 如果要出门旅行,事先将路径写下来并随身带好。
- 如果你需要定时吃药,买一个上面标有一周七天的药盒。在某天事先准备好一周的药片。

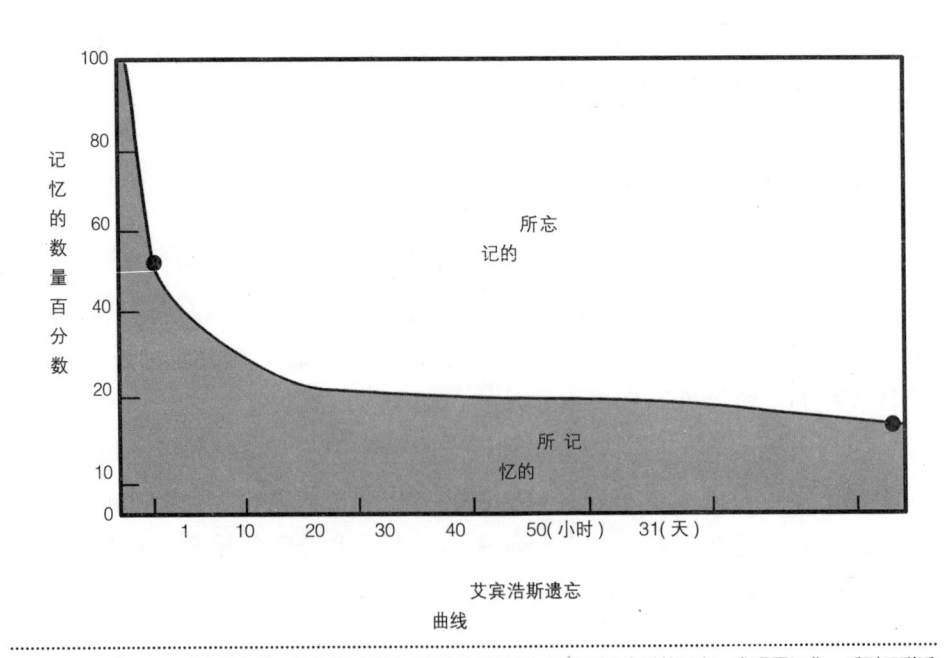

艾宾浩斯遗忘曲线

19世纪德国心理学家赫尔曼·艾宾浩斯通过对经验论关于记忆的区别和本质的研究,发现要记住一系列无联系的音节所需要的曝光量。通过这个和其他研究,艾宾浩斯曲线显示(如上图)大部分新信息在一个小时内被遗忘;一个月后,80%被遗忘。遗忘曲线在心情压抑时起伏很大。

激发你的永久记忆

这个练习旨在激发你的永久记忆。你不需要做任何的思考，它能自动地形成。你无意识的思维就能简单地整理好所有的思绪，不需要刻意地去思考。这样可能有一点不便。有时，你可能会为回忆不起一件往事而闷闷不乐，而有时你回想起来的事情没有意义，会让你心烦意乱甚至更糟，令人不愉快。

怎么办呢？好主意，我们要蓄势待发，刺激我们的永久记忆。这样做的方法很多，你应该综合它们。最简单的就是，坐下来回顾往事。你可以漫无目的地畅游在往事之中，也可以搭建回忆的思路（校园生活、工作、以前的爱人，任何能使你产生回忆的事情）。任由你的思绪漫步在往事中。你越是放松就能回想起越多美好的往事。另外一种刺激记忆的方法就是将所有的往事记录下来（不需要很专业的写作水平，简单的笔记就可以），或者向你的亲戚朋友讲述往事。如果你确定需要寻找倾诉的对象，那么这个人一定要愿意聆听你的往事而且要值得信赖。

还有一种激发永久记忆的方法便是看看能使你产生回忆的小物件和照片，或者你曾经常去的地方。这是非常重要的引导因素，你会发现一旦你照着做了，另一些思绪就会像泉水般汩汩涌出。

最后，你应该向朋友、亲戚，或熟人袒露心扉讲讲你的往事。很多朋友现在热衷于这样做（这可以从一些成功的网站上看出，它们鼓励人们要积极地与挚友联系）。

对于许多人来说，整理好永久记忆会给他们带来很多好处。它能帮助我们形成健康的思维，良好的自我定义，对自己充满信心，相信自己能适应自己的生活。你可以从中得到温暖和安全感，这是你服用药物所不能得到的好处。

有一点警告——如果你的过去充满了争执、不快，以及有压抑的情感，你必须找一个经验丰富的心理医生帮助整理思绪，回忆往事。

为了使你能有美好的思绪旅程，试着接受以下几点建议。我们为你准备一些指引的想法，让你的思绪之旅朝着正确的方向迈进。

在你考虑这些问题的时候，你的思绪就已经像潮涌一般流淌开来了。这样的思绪也许会持续几小时或几天。

1. 写下或说说你记忆尤深的一件往事。如果你有许多开心的回忆，选择一件最令你高兴的事。检索思绪能锻炼你的思维，同时会让你觉得有意义。

2. 和自己或朋友讨论，谁是你最想再次见到的人。为什么他对你如此的重要？回忆所有与他（她）相关的所有事情。一旦你开始回忆，你会发现其他的往事已经浮现在你眼前。

3. 列举你最大的成就。不需要什么宏伟的成就，你不需要排山倒海地去搜寻。小小的成就对你来说也是很有意义的。

4. 说出你小时最喜爱的电视节目。尽可能回忆它所有的细节。你为什么这么喜欢这个节目？如果现在有重播，你是否还会一如既往地喜欢？

5. 写一些关于宠物的事。关于宠物的记忆总是那么甜美而感伤，它对你回想往事有很大的影响力。

6. 列举一个改变（或者试图改变）你的一生的人。如果你再次遇见他（她）你会对他（她）说什么？

7. 回想你记忆最深刻的关于你的父母的事。关于父母的一些回忆往往也是非常重要的。小心对待！

8. 你从事过的最好的工作是什么？以及最坏的？你是否在走自己期望的事业路线？你喜欢自己的工作生活吗？或者你是否本想做一些不同的事情。

9. 你最想回访的一件往事是什么？如果可以再来一次，你想改变什么吗？或者它已经非常完美，你不想有任何的改变？

10. 回想过去的某一天，越细致越好。不仅仅是对人、事的回忆，同时要伴随对于事物颜色、质地和气味的感觉。

第 8 章

高效记忆技巧

联想记忆法

联想是将你想要记住的东西和你已知的东西之间形成智力联系的过程。尽管许多联想是自动产生的，但是联想的意识创造是将新信息编译的一个极好方法。将一事物与另一事物联想起来，便于我们记忆。例如，小安时常会忘记这个词"樱草属植物"（一种植物，人们喜欢叫它"兔耳朵"）。他注意到它的叶子长的像小轮子，于是他就叫它"骑车的人"，之后就再没忘记过。联想有利于记住一些奇怪而又简单的信息。一旦你形成了联想，你在心里重复几遍或大声复述几遍将有助于你记忆。

这一方法可以用于记忆这些事情：
· 你新邻居的名字
· 你朋友居住的街区
· 你想去推荐的一部电影的名字
· 去往新开张商店的路是向右转还是向左转
· 去往你朋友家的公交汽车号

实例

小月：初到一个陌生的国家，认识了许许多多的新同学，其中有一位同学的名字叫玛莎。由于某种原因，我一直记不住她的名字。我在记忆课上学了联想这个方法并试着使用。仔细看了玛莎之后，我注意到她有一头白色、松软的头发。我认为我可以通过将"Marsha"（玛莎）与"marshmallow"（蜀葵果浆软糖）联系在一起记住她的名字。每次我看到她，我就将她的头发与一个大蜀葵联想在一起，并且心里想着"Marshmallow Marsha"（蜀葵玛莎）。

李先生：在读中学的时候，对于汉代的大规模的三次农民起义的记忆让我伤透脑筋，其中，一是公元17年发生的绿林起义；二是公元18年发生的赤眉起义；三是公元184年发生的黄巾起义。前两次发生在西汉，后一次发生在东汉。最让人头痛的是起义名称和先后顺序容易搞混。为此，我通过联想进行记忆：这三次起义的名称都有颜色，即绿、红、黄，可以将这种变化同枫叶联系起来记忆。枫叶春夏时绿，秋天变红，冬天变黄。这样一来，不但不容易搞混，而且容易想起。

岳山：我总是记不住意大利的版图，后来，我对它进行了联想。我注意到，意大利的版图很像高筒的马靴——圆柱形的靴身、流行的鞋尖、锥形的鞋跟。没错，意大利就像优雅的腿，一脚踩出欧洲大陆。经过联想处理后，我永远都忘记不了意大利地图的样子。

图像记忆法

有没有人会想到自己10年前、15年前或20年前的一些特别经验呢？（当然如果你还小，可以想想去年或前年的特别经验。）也许这些经验是令你特别印象深刻的，可能是恐怖的或是刻骨铭心的。例如车祸，受伤的人穿红衣服、鼻子流血，地上都是他的书本，还记得车子的颜色，等等。这些鲜明的记忆可能会让你记住十几年，甚至一辈子。

为什么十几年后很多自认为记忆力差的人还能栩栩如生地描述上述车祸的场面呢？就是因为回忆记忆中图像的缘故。

我们的各种记忆感官中其中一个感官就是对图像的感官，当我们看到相关的影像时，这个图像自然就会浮现在脑海里，并被记录在右脑里。不要忘记，除了视觉的存盘，还有其他感官记录可以加入想象的空间。例如，我们也可能记得车祸时撞车的声音，因此由听觉引出图像的存盘；还可能车祸引起火灾，可以闻到烟火的味道，在车祸现场还可能触摸到倒在地上的车辆或受伤者，这就有了由嗅觉、触觉所记录的图像。

总之，如果我们用各方面的感官来记录一个情景，有特别深刻的影像被记录下来，不仅会加强回忆功能，还会变成清晰的记忆功能。

你常会听人说，图像胜过千言万语。清楚地呈现在脑海是一个有意识地将一件事、一个数字、一个名字、一个字或一个想法在你脑中形成一种形象的过程。如果你花些时间将话语转变成一幅富有含义的图像，然后把这幅图记在心里几分钟，你就更可能记住这个名字、事情或想法了。

一些朋友天生就具有良好的视觉能力。他们的想象生动且丰富多彩。如果你有很好的视觉记忆能力，你可以以多种方式充分地利用它们。其中一种方法就是建立记忆频道。

你可以尽情地使用这样的技巧。例如，一些朋友会将日期表刻在石头上来帮助记忆日期。视觉记忆还可以帮助记忆外貌和地点。如果视觉记忆对你适用（没有特殊的技巧使用它），那么你只需自然地运用它即可。如果你去游览一个小镇，你要记住经过地路线，这样你就可以准确地回到停车的地方。

我们以前所说的拍照式的记忆就是现在说的"图像记忆法"。一些人能在一分钟内复述出看过的物体、设计和文件，就好像他们在脑中给这些事物拍了照。想象得出来，这种记忆方法会引起很多争议。一些心理学家非常相信"全像记忆"，另一些人则质疑这一理论或者是全盘否定。

当然，有一些人的确有过于常人的一种记忆方式。有一位老裁缝，她就能用极短的时间观察别人的着装，然后完全模仿出来。她建立了蓬勃的事业，为顾客参谋穿着，这些穿着都是她从婚礼和明星的照片上看到的。如果她能够看一眼八卦杂志上的一些衣着，或是现场看到别人的衣服，那么她能更完美地模仿它们。

你可以学习这样的本领吗？或者你与生俱来这样的能力吗？我们来试试。仔细观察下面图片。然后合上书，回想图片并把它画出来。

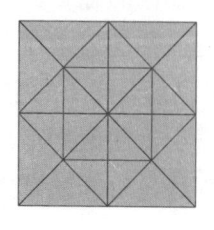

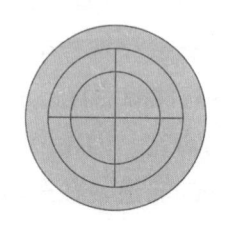

这个方法能用于记住这些事物：
- 你需要在杂货店里买的东西
- 从机场终点到你停车地方的路线
- 你想从地下室取来洗衣篮
- 你想品尝的早餐荞麦食品的名字
- 你最近听到的一则笑话中的妙语

一张图片胜过一千个单词

验证视觉想象如何作用于记忆的最早的研究之一是由英国人类学家弗兰西斯·高尔顿于1883年完成的。高尔顿是查尔斯·达尔文的堂弟，他对人类做出了一些意义重大的贡献——最著名的是狗哨声，关于遗传与智力的研究——即著名的优生学，现代气象图技术和指纹鉴定。当高尔顿开始对精神想象产生兴趣后，他做了一项关于100人的问卷调查，请被调查者运用视觉想象来回忆他们早餐时的细节。

结果很有意思：或许是俗语所断言的——一张图片胜过一千个单词。高尔顿发现能够回忆自己经历的人通过视觉想象形成了丰富的描述性叙述。那些回忆较少的人仅形成了模糊的印象；而那些记忆空白的人根本没有任何印象。通过这个简单却有说服力的实验，高尔顿推测精神想象对于记忆是重要的；而那些拥有最好记忆力的人能够恢复大量储存于大脑中的印象和感情。

细节观察法

记住你没有清楚地观察过的事物或不感兴趣的事物通常是困难的。积极观察是有意识地去注意你看见、听见或读到事物细节的过程。运用积极观察，你会发现一张照片、一张新的面孔、一处自然景观、一席谈话、一件发生在街道上的事情或一件艺术品种的含义和带给你的震颤。积极观察相对于对你周围的事物不进行思考或不感兴趣而让它们听之任之的消极生活态度是截然不同的。积极地观察一件事物，思考它的含义，你对它有什么感想，它对你有何影响及你是否想记住它，问你自己一些能加深它含义的问题。记忆的关键是对其感兴趣。

一个短暂、未经审查的想法是毫无价值并且很容易遗忘的。当我们将一个想法或主意详细说明之后，我们就能将它更深刻地编译。当某些事情非常有趣或很富有争议时，例如，第一次打篮球赛，我们不用有意识地去记就能将这一经历非常深刻地记住。在我们的头脑中，我们评论发生的事件；我们试图了解发生了什么；我们将它与我们知道的情形联系起来。我们问自己我们是对它的感觉如何。这个过程可有意地用作一种可以将我们想记住的信息进行编译的方法。

这种方法可以用于记忆这些事情：
· 你在一家商店中看到一条被子的图案。
· 如何玩儿你朋友正在教你的新游戏
· 你看到的许多人的面貌
· 你的新真空吸尘器配件的使用说明书
· 两位市长候选人的政纲
· 你的儿子在大学里所学的课程
· 你想和一位朋友讨论的一本书的情节

实例

阿曼：我最近买了一台新录像机，读着冗长乏味的使用说明书，按照它们来录制我最喜欢的电视节目。第二次我试着录一个电视节目时，我记不起来如何做了，不得不重读了一遍使用说明书。由于我想不查阅这本手册就能使用我的录像机，我向自己复述一遍所有的步骤，了解了每一步的次序和重要性。我将这些死板的手册指南转变为我自己的话。我将这些步骤重复了几次并将它们牢记在我的长期记忆中。我发现，如果将这些话大声说出来，它的效果会更好。使用了详细描述的方法之后，我仍然能记住这些步骤，甚至在三周的度假之后，还能记忆犹新。

小叶：我一生只去过夏威夷群岛旅行。我去了其中的三个岛屿——它们都非常美丽，然而也有所不同。我想将这些岛屿清楚地告诉我的朋友们。我曾在报纸上读到，如果你详细地阐述了你想要记住的事物细节，那么你就能将这些信息更深刻地编译。我想了想岛屿不同的自然特征，我在每个岛上做的事情及我住宿的地方。我将这些细节与岛屿的名字联系在一起进行了一些联想。我将这些细节重复了好几天，现在我发现记住它们很容易。

李明：我有严重的关节炎，出去的次数很少。我非常厌烦这种日复一日的生活，并且我的记忆力真的变得越来越差。我的女儿在我生日时送给我一个鸟食容器，渐渐地我开始观察来啄食的鸟儿。一天，我看到一只我不知道的鸟。我问我的女儿是否知道这是只什么鸟，她也不知道。但是她又一次来看我时，她带了一本有几百种鸟类彩色图片和详细介绍的书。当我们查询这只鸟时，我非常惊讶，在我生活的周围竟然有这么多种鸟。这个鸟食容器改变了我的生活！我看到并听到了许多新事情，而且我非常吃惊于我真的能记住它们。

文文：当我去一个大型购物中心时，我将车停在了一个停车库。在每块平地上都有一些向上和向下的坡道，而且在我停车的地方也没有任何文字或数字。我意识到，我会很容易把我的车放错地方。我仔细观察了我走的这条通向出口楼梯的通道，并且在我到达那儿时，我回头看看以加深我汽车所在位置的样子。几个小时后当我回来时，我很清楚地记得我的汽车所在位置以及到那儿的路。

安平：学习了积极观察这个方法之后，我决定试试这个方法。我去了我们当地的博物馆并花时间看一幅由莫内塔画的两个女人的油画。

我没有像我通常那样很快的扫视这幅画，我看了看细节又看了看整体并问了自己一些问题：我认为它漂亮吗？它是什么年代的作品？这两个女人看起来是高兴还是悲伤？她们穿着什么样的衣服？我想把它挂在我的起居室里吗？当我离开这家博物馆时，我知道我会记得这次博物馆之旅：因为我所记忆的东西不是通常一些模糊的画面。

你做得如何

　　仔细观察下面的这两幅画，有意识地注意它的一些细节。并找出两幅画之间的几处不同。

　　如果你能又快又准地找出两幅画中所有的不同，你就已经很好地掌握了观察这个方法了。（答案见146页）

视觉训练

·慢慢移动你的目光,用一种有序的方法观察图片——从左到右,从上到下,然后再反向观察回来。记录下你所看到的东西。

·闭上眼睛然后尽可能清楚地回忆你观察到的情景?图片的左上角是什么物体?左下角,中间,右上角,右下角呢?

·睁开眼睛重新观察图片。你记忆对了多少?那么,什么物体或是细节你漏掉了,或是记忆不准确?

最基本的观察方法能够应用到你所希望记忆的任何对象上面。为了训练你的观察技能,你可以随机任意选择影像或者情景,然后仔细地观察它们。就上面列出的各种问题对你自己发问。然后,尽力描述或者刻画你所观察到的。当然,你可以写出或者画出那些情景。如果你能够更多地注意到你身边的事情,能够观察你生活中的每一个细节,那么,当你养成这个习惯后,你的记忆力就会提高,并且你的创造力和艺术技巧也都可以有所提高。

外部暗示法

书面提示:将事情写下来

你不必将所有东西都记在你的脑子里。

尽管有许多时候你必须依靠你的头脑来记忆,但大多数人在整个日常生活中都用外部暗示来提示他们。例如,你也许会使用闹钟早晨叫你起床、遵守约会的日程、做杂货列单,使用厨房定时器来煮饭,或使用一个有标记的药盒。你或许同意,在许多情况下,无须相信你的记忆力。如果你能使用你所在环境中的一些东西来提醒你,你的脑子就不必想其他事情了。

尽管很多人都使用日程表、约会簿和笔记用以了解他们想记住的东西,但是仍旧有许多人怀疑做不做书面提示是否真的对记忆力差的人是一个帮助。事实上，将事情写下来是最有用的记忆工具之一。

如果你想更好地记住这类事情，将所有的信息记在一个笔记本里。

下面的单列将为你提供一些创造性地使用书面提示的思路。

·列一份你需要做的事情的目录。你一想到某件事情，就将它添加到这个目录中。

·使用一个约会簿或日程表来提示你自己想在以后打的电话，例如，打电话给一位刚做过手术的朋友。形成一种经常翻看你日程表的习惯。

·记下一个在你下次看病时你想问医生的一些健康问题。在离开医生办公室之前，记下医生的嘱咐。

·写日记记录每天发生的事情。然后，如果你想知道你是否已经写了一封信或打了一个重要的电话，你都可以查看这本日记。包括你见过的人的名字。

·列一份你想读的书或你已经读过的书的名字目录。

·记录你寄出或收到的信件和贺年片。

·记录你所服的每种药物的名字和剂量。包括你开始服用的日期。

·将你想记住的所有人的名字列一个目录，例如，邻居们、社团的成员们和你朋友的孩子们。

·记录你想记住的事件的周年纪念日或节日，例如，你朋友的丈夫或孩子的生日。

改变环境

提醒你记住特殊事情的最好、最简单的方法之一就是改变你所在环境中的某一事物，这样你就能注意到这一改变。然后，它就作为一个暗示来唤起你的记忆。你只要一想到这件事，你就做出改变，这样是有必要的。

当你还小的时候，你可能使用过一些小技巧，比如在手帕角上打个结，帮助你记忆杂事。这种方法通常能使你轻松地记住很容易被你忘却的事情。手帕上的结提醒你带孩子去看牙医，结虽小但却很重要。一些朋友也使用别的物质记忆方法，比如在手指上绑胶带（虽然不舒服，但在没受伤的手指上绑个胶带就很显眼）。

物质提醒可以从自身的记忆延伸到周边的事物。不要将物品摆放在平常摆放的地方就能起到很好的提醒作用。对于我们大多数人来说，这个方法简单实用（比如将车钥匙放在茶几上，而不是放在钥匙架上，可以提醒你车子需要维修），但是如果你滥用这种方法，改变太多摆放的东西，就会混淆自己。

一些家庭喜欢采用一些特别的方式互相交流转告信息，但是有些让人很难理解。例如，一个家庭成员将一个石头摆放在门前，以此来告诉其他成员家里备用的钥匙就藏在下面。这能算得上是妙计吗？恐怕只会引来不速之客。

王先生是这样做的：桌上打开着的书用来提醒他要去图书馆。车钥匙放在电脑上方提醒他要做车子维修。他妻子的照片倒着摆放，这不是他粗心大意，而是明天是她的生日，这样摆放提醒他记得买礼物。

不要只用一种技巧去记事物，试着结合所有的技巧。视觉、听觉和实践都应该结合起来以达到最好的记忆效果。

这有一些可以唤起你记忆的环境暗示的例子。

· 将要拿去给洗衣工清洗的衣服放在门前。

· 将一个纸条放在厨房桌子上，这样当你吃早餐时你就会看到它并记得给你的朋友寄张卡片。

· 将一个纸条放在方向盘上用于提醒你在五金店那里停下来。

· 在你手提包的提手上系一条细绳，这样在没有提醒邮寄包里的信件的情况下你不会打开它。

· 当你下楼时，在楼梯的前面放一个空盒子用来提醒你自己在你上去之前把电热器关了。

· 把你的手表或手链换到另一只手上，你就经常能感觉到它。当你开车去你的朋友家时，它将提醒你去告诉他有关周末计划改变的情况。如果你再大声告诉自己："告诉老板计划有所改变！"这个方法的效果将会更好。

当使用任何这些外部提示时，不要拖延是至关重要的。只要你一想到你需要在以后做的事情，选择这些方法中的一种并立刻应用。如果你想："当这个电视节目结束时，我在我的购物单上添上土豆。"那么你十分钟后或许就将有关土豆的事情全部忘光了。

感官记忆法

听觉暗示：使用声音引发你的记忆

闹钟和定时器可以用于提醒你某一件没能立即做但在具体某一时间必须做的事情。电话应答机也可以用于提供听觉暗示。

这是一些使用听觉提示的例子。

·如果你打电话没有打通，设置你的定时器来提醒你再打一次电话。

·如果你正忙于写信并要确保在某一具体时间离开赶赴一个约会，设置一个便携式定时器，并把它放在你的桌子上。

·如果你离家很远，而当你回去时，你想记住要做的事情，可以在你的电话应答机上留一条信息。

温柔地触摸

你会用触觉来学习弹奏一个乐器，因为你的手指会记忆弹奏的准确位置和力度。当然，你也可以将动感加入到别的记忆中，例如，一些朋友喜欢记忆的时候打拍子。没有必要让你的朋友都知道你的这种记忆方式（他们会误解你的行为），但它确实有效。

还记得第一次向朋友展示你的新奇物品（比如相机）时的情景吗？他肯定会说："让我瞧瞧吧！"然后从你手中夺过它，仔细地观察起来。在看的同时，他也不时地用心去感觉它。出于某些原因，我们时常会因为自己用触觉去感受东西而感到不自然。事实上我们习惯于用触觉去感受任何东西（特别是人），从而更贴近他们，对他们建立起真实的感觉。触碰是非常微妙的一种感觉，这种感觉很重要。

触碰不仅使我们感觉到正在发生的事，也能使我们形成一种特殊的记忆。一位盲人朋友说，他只要用手指触摸就可以凭感觉将许多纸牌分辨出来：一些牌有凹凸不平的地方，有褶皱的地方，也有一些有折角，这些对于视力正常的人来说并不起眼，而盲人却可以用高度敏锐的触觉正确无误地将它们分辨出来。

虽然人的触觉是天生的，它也和其他的感觉系统一样可以训练提高。你应该花大量的时间用心去触摸物体，然后深切地感觉它们。许多工作就对触觉记忆要求甚高。比如，拆弹专家，他们的工作就依靠高灵敏度的触觉记忆。他们不可能将每个炸弹都拆开仔细研究，更多时候他们需要凭触觉去感受。一次错误的触觉判定就可能会结束他们的一生。

我记得那个味道

嗅觉是最强的记忆功能。我们也许会觉得不可思议，但是相比其他的动物，我们的嗅觉功能要弱得多。不管怎么样，我们还是会因为某种特殊的气味回想起曾经一起去过的讨厌或喜欢的地方。粉笔灰就能使我们回忆起在学校的时光，氯气的味道就能使我们想起小时候的游泳课，草莓的味道则让我们联想到夏天……

每个人都有自己独特的嗅觉刺激。大多数的人都会对某些味道有特殊的联想。

然而，令人失望的是嗅觉并不能帮助我们存储信息。它并不能激发我们建立正确的记忆。它只和情感相关，却很难与事实相连。它也许能帮助你记忆地方，曾经让你开心、伤心、愤怒、爱惜的事情，但它绝对不能帮助你回想起例如美国历届总统名字这类的事情。

嗅觉记忆真的有实际意义吗？它能营造不同的心情（拥有燃油炉或者使用香熏的人就会深有体会）。你可以将特殊的气味与别的记忆方式结合在一起，便于记忆，且这个味道最好能使你舒心放松。

品尝酒分三个步骤进行：视觉方面的判断（颜色、稠度等）、香味以及口感，对其认识多归于嗅觉。

在工作中的"鼻子"

在某些职业领域，嗅觉记忆的持久性深深地刻上了职业实践的烙印。例如，众多的厨师对菜肴配方的感觉回忆无处不在。"鼻子"—— 香料经营者或者葡萄酒工艺学家同样强调他们嗅觉记忆的个性手段。对于一些人来说，这个本质的组件能让人回想起家乡菜的味道，对于另一些人则是儿时读过的书的味道……人们能在葡萄酒工艺学家身上找到相同的"嗅觉经历"。在品尝时，有些人结合比如远处传来的桃子的味道，想起家里的果园。另一些人则依靠家里旧床单的麝香味，某天会在寄存于爷爷奶奶的谷仓里的行李箱里发现自己的整个童年。

虚构故事法

虚构故事法是编一则将看似没有联系的事物联系在一起的简单、但却有趣的故事。许多人抵制这种方法，因为它好像很愚蠢、也很复杂。但如果你试试这种方法，你就会发现它的效果惊人。

故事越离奇就越容易帮助你记忆。例如，要将下面的几个词牢牢记住，你可能会编出这样的故事。

曲棍球棒、网球、球拍、茶、高尔夫俱乐部、电梯、活力。

"我踩着高跷走路（高跷就像是曲棍球棒），走着走着，突然被一堆网球绊倒。我没能到达目的地，因为我撞到了球网上，它是由很多个小球拍组成的。"

"我想喝杯茶，于是就跑到高尔夫俱乐部等着。没有人帮助我搭电梯，我只好跑回家，我觉得自己非常有活力。"

很离奇吧？但是很好记。你也可以尝试下。

但是，这个方法的缺点就是你只能将这些事物按特定的顺序记忆。如果有人问你"网球拍是出现在高尔夫俱乐部之前还是之后"？你可能得重新搜索一遍故事才能回答。

你很难记住抽象的事物因为它们很枯燥。但是古怪的东西就不同了。你要尽情使用奇怪的联想。

这种方法可以用于记忆这些事情：
· 你回到家时需要打的两个电话
· 当你给你的女儿打电话时你想告诉她的三件事情
· 你需要在超市买的三件物品
· 你想从图书馆借阅的两本书

实例

你在晚上醒来，开始想你第二天需要做的事情。你想记住，你要给你的牙医打电话，你要把毛毯退给百货商店，并且要给炉子买一个过滤器，但是你不想从被窝里出来去写单子。你编了一则可以将这些事情联系在一起的故事——想象由于你牙医的炉子坏了，他就用毛毯取暖。

在你回家前，你必须去干洗店和邮局一趟。你可以编一则故事——把你的裤子放进邮筒，接下来就乱成一团了。

复述记忆法

这是最弱的记忆胶水。重复的叙述信息能够在你的大脑中留下短暂的记忆，很快就会被遗忘。记电话号码，这不失为一个好方法。

跟着我读：0795634，重复几次。如果你多重复几次，你会发现你已经能够记住它，但是没过多久就忘了。如果不用别的方式重新记忆，不知道明天的这个时候你是否还记得这个号码。不过没关系，有一些东西我们确实不用长时间地去记忆它们。如果你看到一个号码，只要在拨打前的一段时间内记住它，那么你就可以用重复复述的方法记忆。但是如果你碰到了心仪的人，她（他）可能就会成为你的终身伴侣，当她（他）给你电话号码时，用这个方法记忆就不太保险了。

记忆数字的窍门

组合：将单独的数字形成一组

我们都知道记住一些很长的数字是很困难。当你正试着记住一组数字时，寻找将他们组合的方法。这一方法可用于记住这些事物：

- 电话号码
- 街道地址和邮递区号
- 银行账户号码和驾驶执照号码

如果你想记住一个电话号码，例如是793-5816，你可以将这七个数字归为四组79-35-8-16，这样就比较容易记忆了。

一个驾驶执照号码或银行账户号码都有标准的分组，例如938-37-6951。如果你将这些"组合"改为9-38--37-69-51或93-83-76-95-1或938-376-951，这个数字或许就更容易记忆了。

重复复述是所有记忆技巧的一部分，如果将它和别的技巧结合，那么它能发挥得很好，如果仅仅使用重复复述，那么它只能短暂的奏效。

再做一个试验，只用复述的方法，看你能记住多少数字。这有5组数字，共40个。

6	9	5	11	9	18	29	35
2	73	39	52	81	6.	7	84
57	93	69	75	20	94	87	79
30	4	54	62	38	44	22	98
60	75	57	25	77	10	96	54

习惯记忆法

对于一些朋友来说，最好的学习方法就是实践。相对于看一大堆的书，他们往往能从实践中学到更多的东西。这个记忆技巧是建立在动手的基础上的，我们常称之为动觉。

岳先生小的时候，他所就读的学校就非常注重学生是否能准确地配带书本和其他教学辅助设备来上课。通常"对不起"、"我忘了"的借口是行不通的。那么，岳先生是怎样避免出现这些错误的呢？他培养自己养成一种整理书包的例行习惯，非常复杂但是的确很起作用。他不仅仅为每件要带的物品规定摆放的位置，而且还要按顺序将它们放进书包。这样做他就不可能忘记任何的东西，一旦发现摆放的过程有差异，他就能察觉可能忽视了哪个物品。

当我们有重要的事时，为了确保它能按部实施，就该使它成为例行之事。

军队教人做事常与数字相关，这一点常遭人笑话。但这方法很奏效，也是例行习惯的一种实际表现。你怎样才能教会一个年轻人（也许不太聪明）去拆卸复杂的装置，比如机关枪，或是出故障的零件，然后让他安装回原样，不丢失任何一个小零件？那就是牢记过程。一旦你学会了使用数字的方式，你就不会忘记其中一个有序号的过程，哪怕是在火灾现场或是非常紧张的状态下。

记忆有顺序的事物时（比如电话号码），你在记忆的同时需要时刻改变它们的顺序。如果你没有改变顺序，很有可能就会陷入顺序的圈套。你可能要重复所有的号码才能想起其中的一个号码。所以在记忆的时候要经常变换顺序，别让机械的顺序干扰你的记忆。

丽丽有另一种例行的习惯。她每次逛超市几乎都是同一路线、行程。她每个星期可能都会多买或少买一些东西，因此购买的物品可能会有改动（比如不用每个星期都买剃须刀）。一旦固定了购买的清单，就不用再去想它，可以注意一些别的以往不会买的东西（例如这个星期可能会买一些红酒代替啤酒）。

你也可以将这样的例行习惯运用到别的地方，不仅仅是在超市。例行的习惯能防止你忘记重要的事情。一些朋友可能会认为，购物要按照例行的规定会很单调和机械。为了防止单调，丽丽在最后也会关注一些有趣的物品（比如衣服、碟片等等），在空闲的时间就可以逛逛这些商品。

不要否认例行习惯这一记忆方式。它既轻松又能帮助你准确无误地记忆非常复杂的信息。想想你是怎样驾驶手动的汽车的？你是不是会有意识地想：刹车、减速、换挡、查看后视镜和汽车边距？当然不会。其实一旦你上了车，所有的程序都变得很自然。不管路上的情况怎样，以往开车的经验习惯都会教你准确的处理。只有在遇到了意外的打滑，你可能会不知所措，因为之前没有碰到过。

搜索回忆法

你或许常常希望，你需要一个熟知的信息时，有某个东西可以帮助你回想起它。当你知道你想要的这个信息存在于你的长期记忆中，但当你需要它而又想不起时，有两种你会觉得有用的方法。

在记忆库中搜索

当你不能回想起存在于长期记忆中的东西时，再多想会儿或再努力想会儿也许也不起什么作用。然而，有一种方法通常很有用。当你想从长期记忆中获取具体信息时，试着想想或许可以作为提示的相关事实，用以引发出你想要的信息。

这种方法可以用于回想：
· 著名人物的名字
· "朋友"对应的法语单词
· 电视节目的名称
· 如何去你长时间没有去过的某一个地方

实例

何欣在去往音像店的路上，她想去租一部她许多年前看过的电影。她想在音像店的戏剧区，她应该能够认出这部电影的名字。当她到那儿时，她发现在那个区有几百部电影，它们都按照字母顺序摆放。她不愿花时间从这个区的 A 找到 Z，她想："我应该能够想起这个名字。"她开始思考能够引出这部电影名字的提示。她回想谁是主演，并记得是梅丽·斯特里普。"它好像发生在非洲……没错！它叫作'非洲之旅'"。

身在国外的张太太：她的女儿生活在城镇里的一个新区里，她记不住那个区的名字。她想打电话，但又不想打扰正在上班的女儿。她想，"如果我想到一些有关的信息，或许会有用。"她记得她女儿的地址是：阿波马托克斯272号。她想到进入小区的入口标记上有一架大炮。"它一定和内战有关系。"她想起来了——盖茨堡！

莫扎特记忆

关于"莫扎特效应"的资料不计其数，这一领域也引起了广泛的争议且用以商业炒作。然而，是否各种音乐都有助于我们集中注意力和记忆呢？

许多人都喜欢边工作边听音乐。公园里跑步的人，孩子们做功课的时候，开会的人们，还有购物的人们每日都聆听着自己的音乐。人们都各自戴着耳机，畅游在自己的世界中。音乐真的对工作有帮助或者能让人心情舒畅吗？

毫无疑问，在聆听音乐的时候你能同时开展你的工作，但让人质疑的是，你是否也能全力的集中自己的注意力。

记忆信息时不要在周围摆放电视。因为你看到电视就不能专注于手头的工作。即使是有无趣的表演或电视剧，只要有选择，你就不会选择手头的工作。如果你只是听着电视里的声音，你会禁不住遐想，这样的背景音乐下会是什么画面呢？于是，你就会放下手上的工作，试图很快地瞥一眼。你可能会再回来工作，但是你的注意力就很难再集中。

提前回顾

每个人都体会过忘记了曾经十分熟悉的东西的感觉，例如，一个朋友的名字或一位知名的作者。当你知道你将被要求回想某些名字或信息时，提前回顾通常可以解决这个问题。

这种方法可以用于帮助你记忆：
- 你明天要见的一位很久以前合作过的客户的名字
- 当你看你的医生时，你的医疗问题史
- 明天将要回答中学学过的历史问题
- 小学同学的名字
- 以前公司同事的喜好
- 自己儿时的趣事
- 被要求当众讲笑话

实例

在同学聚会之前，如果你害怕你会记不住小学同学的名字，可以通过复习可能参加的所有人的名单来提前准备。写下这些名字并将它们大声说出来会比简单地通读整个名单会更有效。当你说出这个名字时，想象这个人及有关他或她的特殊之处，比如，红色的头发或爽朗的大笑。

如果你将去参加一个你的图书俱乐部的聚会，在你去之前，记录下书名、作者、人物的名字及你对该书的感受，并回顾你的笔记。

如果你要和一位客户吃午餐，提前回顾一下你客户的几个孩子的名字及你知道的有关他们的事情，这样你就可以很容易地谈论他们了。

P134 答案

第 **9** 章

有益记忆的生活方式

锻炼大脑和身体

大脑锻炼

完全健康的生活方式在现实世界中是非常少见的。我们都有恶习而且经常会受到对我们并没有好处的东西的诱惑。例如，我们许多人会偶尔饮酒过量或吃太多高脂肪或含糖的食品。坏消息是我们身体的健康状况往往同我们的思维健康手挽手，而且我们吃什么以及如何生活也会影响我们的记忆功能。

我们不能回避这样一个事实——健康的改善会提高整体的身体状况，同时对记忆力和注意力有很大的好处，即，存下新的信息并学习的能力。最起码，如果我们更加熟知不同生活方式因素的影响，就能理解自己为什么会遇到问题并开始对它采取措施。我们任何人要做的最重要的一件事就是争取养成更加健康的生活方式，并在成功时感到满足。

有证据证明，思维练习是保持大脑活跃和身体健康的根本。它有助于释放某些对免疫系统功能来说重要的化学物质，因而防止大脑的疾病和退化。

我们建议在生命的各个阶段锻炼自己的大脑。如果你的日常工作未能为你提供思维刺激，那么试试：

· 做十字填字游戏。
· 猜猜谜语。
· 下下棋。
· 玩玩扑克牌游戏，譬如桥牌。
· 看看书、报、杂志。
· 参加讨论组活动。

这些活动中有些还是非常增进友谊的，所以，它们还可以帮助你避免屈服于诸如寂寞、紧张，以及沮丧之类的问题。

呼吸新鲜空气

和集中注意力一样，呼吸也是提高记忆力有关的内容之一。当然我们每个人都会呼吸，但是我们有着更有效的呼吸方式。在工作的时候，确保你周围的一扇窗户是开着的。室内的温度要舒适，不能过高。

学会正确的呼吸方法：

静静地坐在直背靠椅上。

身体要坐直，不要紧张（全身肌肉要放松）。

想象在你的头顶和天花板上连接着一根线。

轻轻地收起下巴。

闭上双眼，自然顺畅地呼吸几分钟，直到你的身体和思想都开始放松下来。然后进入锻炼的部分。

轻轻地吸气，吸得越深越好。也许，刚开始你只能深吸到胸前位置。满意了吗？不能吸得再深点吗？当然可以。根据东方的教学理念，我们都有一个能量中心，（在日本称作哈拉，在中国称作丹田），它的位置大概在肚脐下4厘米左右的地方。

尽可能试着把气吸到这个位置，我们需要的就是练习再练习。一旦你能够以这样的方式呼吸，那么你会发现这对你的身心都有很大的帮助。

身体锻炼

要使记忆力良好的运作，就要使自己精神抖擞。你不可能在所有的时间都能有效的思考，哪怕你的身体素质很差的时候。谨记，你的身体和思想是一致的。事实上，你对自己的思维一清二楚。你思维里没有存储的事物是永远都不会存在的，因为一旦你意识到某个事物，它就已经在你的思维落地生根了。你要照看好自己的身体，它非常重要。如果你希望自己的思维敏捷，下面的一些提示你一定要牢记在心（各项要求都很简单。你可能都听说过。那为什么不行动试试呢）。

锻炼有助于保持健康的血糖水平。它还能释放大脑中有助于刺激记忆功能兴奋的有利的化学物质。锻炼还帮助我们抵抗紧张并保持健康，而所有这些都会带来更好的注意力和记忆。如果你属于喜欢进出健身房或者每周几次游泳三四十分钟的这类人，那就没问题。然而，如果不是，那么就有大量其他的方法让你保证得到经常性的身体锻炼：

如果路途不远，与其驾车不如走着去。

不要乘电梯，走走楼梯。

上上瘦身课、舞蹈课，或者瑜伽课。

如果你是坐办公室的，午饭后出去走走，不要一直待在自己的座位上。

定期和朋友们打打网球或慢跑。

你不需要整天待在健身房里，但是你一定要有充足的锻炼使自己的身体和思维运作有效。如果你讨厌剧烈运动，可以趁清新的空气遛遛狗、修剪修剪草坪等。为何不向前迈一步，尝试下长时间的漫步或者游泳呢？不管长时还是短时的锻炼收效都颇大。

睡一晚好觉

充足的睡眠

每个人都需要充足的睡眠，特别是备考的学生们。他们认为在网上跟朋友聊天到深夜两三点是很酷的事，其实不然。睡眠不充足会影响注意力的集中，降低学习能力。对健康更是伤害颇大。

有许多证据证明，睡眠对于保持大脑和身体的良好状态是重要的。这并不意味着几个晚上没睡好就有问题，但它确实意味着尽量保证自己有一个合理的睡眠模式将有利于自己的记忆。具有讽刺意义的是，睡得太多和睡得太少的作用是一样的。所以你必须找到正确的平衡点。

缺乏睡眠的影响

你可能发现，睡得太少或睡眠质量太差会导致自己的记忆中的回忆能力变差了，而且发现自己难以摄入信息。半睡半醒状态会伤害记忆的组成和再现。对丧失睡眠的研究、镇静药的研究，以及对患有过度嗜睡症病人的研究都发现了记忆受损现象。

许多这样的研究显示，记忆受损的程度是与半睡半醒的程度相一致的。许多其他的健康人不断地剥夺自己适当的睡眠，其后果是疲惫、决断力差，以及不断加大的事故风险。缺乏睡眠还可能影响我们对葡萄糖的吸收。慢性失眠不但可以加速病情的发作，而且加大了与年龄有关的诸如糖尿病、高血压、肥胖和失忆症之类的疾病的严重程度。

进一步的研究显示，保证孩子夜间的睡眠时间可以带来更好的表现和考试成绩。有些研究还显示，如果人们有一个良好的睡眠习惯，他们能更好地学会程序性的技能（身体惯例）。如果你睡了一个好觉而不是用整个晚上做准备，你会记得更多的东西，并且在考试中或大型会议上有更上乘的表现。

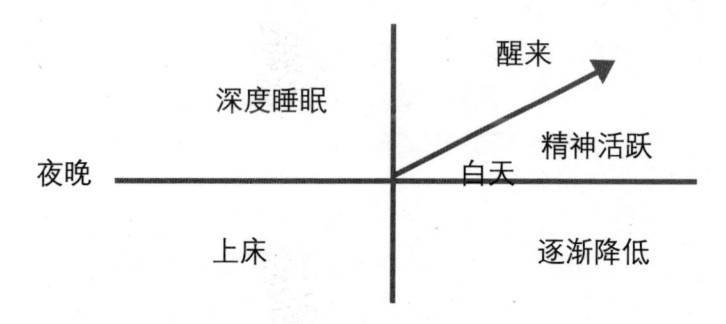

你的生物钟

一个良好的睡眠模式让我们的生活和自己天然的身体节奏更加息息相映。我们的生物钟包含了对诸如光亮和黑暗的循环做出反映的、本来就存在于我们身体之中的节奏。这就是我们往往发现更容易在明亮的夏日早晨起床，而在冬日傍晚天早早地就变黑时感到更加疲劳的原因。虽然由于我们都有不同的，而且常常是不规范的生活方式，而难以保持一个好的节奏，但是，如果我们遵守一个每天定时睡觉和起床的固定模式，那么，要有效地履行这个固定模式还是相对比较容易的。

梦与记忆之间的联系

睡眠有五个层次,而最深度的(也是最活跃的)层次是快速眼动睡眠(快眼动),这样叫它是因为眼睛在不断地眨。在快速眼动睡眠时,大脑和身体都处于活跃之中,因而心跳加速、血压升高。

快速眼动睡眠最经常与做梦有关,而且有人认为,做梦有助于巩固记忆。在快速眼动睡眠时,我们的大脑正在解决我们醒着时的问题和担心的事情,同时还在为想象、自由联系和幽默创造空间,所有这些都能促进创造力和分析性思维。

克服飞行时差反应

飞行时差反应常常会导致记忆出差错。如果有人坐飞机跨越几个时区旅行,而破坏了帮助人们早起晚睡的正常生理节奏,就会出现这种情况。它会让你感到疲惫不堪并迷失方向,而且破坏你的睡眠模式。近期的一些证据甚至证明,经常飞行并反复遭受飞行时差反应苦难的人可能会对他们的大脑功能产生长期的影响。妇女的飞行时差反应总体上来说,比男人更强烈。如果你不得不飞行,试试以下几点:

只少量地进食并只喝水(而且是大量的)。

做些锻炼并尽量放松休息。

尽量合理地睡上一段时间(不要整晚看电影)。

不要追求非自然的睡眠帮助。例如安眠药,通常这类药物都会对记忆和大脑中的复杂加工有反面作用。

一夜好觉的十条小窍门

如果你的睡眠有问题,试试照这十条简单的规则去做,你会发现你的睡眠模式得到很大的改善。然而,请记住,这些只是小窍门而已,我们每个人都有最适合自己的方式。

1. 养成一个固定的惯例。每天大约在相同的时间上床和起床。知道什么是自己最佳的睡眠程度——也许是6小时、8小时,或者10小时。我们每个人都不一样。

2. 如果你想要建立一个良好的惯例，就不要受其他影响睡眠的事物的诱惑。例如电脑游戏，坚持几天以后，你就会在固定的时间感到疲倦。

3. 避免在晚上喝含有咖啡因的饮料。虽然大多数人知道咖啡里含有大量的咖啡因，但人们通常不太清楚茶和软性饮料中也含有咖啡因。

4. 不要饮酒过量。酒精是镇静剂，因而能让你处于一种思维缓慢的状态。它还会破坏睡眠周期。

5. 做好自己白天的计划，以便你能在上午的晚些时候或下午的当中时候处理比较费劲和复杂的任务，然后在晚上搞些放松的活动。

6. 要知道看电视或看书可能会刺激过度，因而可能导致辗转难眠。

7. 如果有东西在自己脑子里转个不停，就在上床之前将它们写下来。

8. 避免在大白天睡觉。

9. 如果你15到30分钟后还没有睡着，就从床上起来做些放松的事情直到自己感到疲倦为止。做这点的原因是不想让你的身体受到某种不良的暗示：床是你无休无止地深思并感到焦虑不安的地方。

10. 卧室不是厨房或者客厅。不要在里面吃东西、看电视，或看书。这是卧室——让你的身体将它与象征卧室的东西联系起来。

益处

睡眠的不正常往往在睡眠模式恢复正常后就会消失。所以，即使你是个忙人，偶尔需要工作得晚一些，也不要把它作为一种习惯来养成。学会更好地区分优先次序以便自己能有充分的休息时间睡上一整夜。从长期的眼光来看，这将给你自己以及你周围的人带来大得多的益处。

改善你的饮食

医学界职业人士在几年前就知道，健康的饮食和适量的锻炼是增强体力并预防某些种类疾病的关键。即使是在我们繁忙、紧张的生活当中，饮食的改善也并不像人们所想的那么难。各式各样口感好、营养高的食品要比以前好买得多了。

饮食要规律

规律的饮食对身心都有好处。垃圾食品只能作为应急之需。要多吃一些新鲜的水果蔬菜。没有什么特别的饮食能有利于大脑思维，但进食大量的比萨、汉堡包等外卖食品都会损害记忆以及整个身体。另一个重点就是一定要吃早餐。研究表明，一向吃早餐的人记忆的能力要比不吃早餐的人强很多。

智慧食物与明智的选择

走入健康食品商店是一种难忘的经历——至少会被吓到，还可能是感官上的享受。它向我们展示了现今可供选择的喂饱大脑所需之物。不幸的是，有太多的因素会导致不好的饮食习惯，比如矛盾的思想观念、图便宜的想法、攀比的心理以及潜意识作怪等。与记忆力相关的营养学很年轻、充满活力。它涵盖了维生素、矿物质、氨基酸和"增强脑力"物质的作用。以下是对它的综合介绍。

蛋白质的力量

大脑需要蛋白质来保存"化学汤剂"——神经递质以便保持最佳状态。虽然蛋白质不会在我们需要时马上转变成葡萄糖，但它可以通过消化分解成为组成神经递质的氨基酸分子。这既不代表着你要大量地吃下蛋白质，也不是说蛋白质让你变得更聪明；可是没有了它，你的大脑功能势必会减弱。

如果你需要在饭后保持最高的大脑效率，有下面几种选择。你可以吃只含有蛋白质的食物，最好是包括低脂肪的鱼类、家禽或瘦肉。更可行的办法是食物中含有一点儿蛋白、一点儿脂肪、些许碳水化合物以及适量的卡路里。许多营养师指出，如果食物中混合着蛋白质和碳水化合物，那么至少先吃掉1/3的含蛋白质的食物再吃别的东西。简言之，如果碳水化合物比蛋白质先达到大脑，大脑反应就会迟钝。

氨基酸在脑中的赛跑

两种重要的氨基酸——色氨酸（来自碳水化合物）和酪氨酸（来自蛋白质）——在你吃下食物后"赛跑"谁先到达你的大脑。如果你打算饭后放松或睡觉，那么最好是色氨酸赢；如果你想保持大脑清醒，那就希望酪氨酸赢吧。下面是一个记忆诀窍，帮助你分清哪个是哪个：

碳水化合物＝色氨酸（有助休息）；

蛋白质＝酪氨酸（有助思考）

这两名滑雪运动员各就各位。碳水化合物，又称"意大利面条式头"，先开始行动。然而当它跑到门口时便决定坐等比赛结束。与此同时，蛋白质，又称"肉头"，验证了那句"良好的开端等于成功的一半"，它成功取得第一名，作为聪明的胜利者自我陶醉了。

色氨酸会引起大脑迟钝是因为它刺激神经递质血管收缩素所致；而酪氨酸刺激的是神经递质多巴胺、去甲肾上腺素和肾上腺素。

有镇静作用的碳水化合物

虽然蛋白质具有增强精神集中的作用，但这不代表碳水化合物要退出竞争。就餐时吃些面包、面条、土豆和果冻也会有很好的作用，就是当你想忘掉一切，放松、减轻压力的时候。大脑中的情绪装置十分敏感，即使是少量的食品也会迅速对身心产生显著的影响。打个比方，《控制你的思想》和《食物影响心情》两书的作者朱蒂斯·乌尔特曼博士说，只要30～60克的碳水化合物（一些甜的或含淀粉的食物），已经足以减轻压力，使你的神经镇静下来。

美国坦普尔大学医学院和得克萨斯理工大学进行的一项实验发现，当女人（18～29岁）吃过含大量碳水化合物的饭后,昏昏欲睡的感觉会加倍。我们给您的建议是：情人节在床上吃早餐时，摆上一堆饼干、黄油和果酱。但是，当你大脑是否清醒事关能否晋升时，烤鱼或各种肉类就是你的高能量午餐的更好选择了。

好脂肪、坏脂肪

你是否曾经身体发福呢？如果答案是肯定的，可能你已经完成了这样一种转变：由喜爱黄油到由衷地选择大豆油或橄榄油。这个转变不仅有利于你的身体，还有利于你的大脑。下面这个里程碑式的研究可以支持你的选择。

为了研究食入脂肪的影响，多伦多大学营养学副教授卡罗尔·格林伍德博士和同事们用三种不同食物分别喂养三组动物并进行比较。第一组的食物富含大豆油中的不饱和脂肪；第二组的食物富含猪油中的饱和脂肪；而第三组吃标准的伙食以便提供比较的基准。研究人员于21天后测试了动物们的学习能力，发现食用大豆油的动物不仅比另外两组学得快20%，而且不容易忘记所学的东西。

脂肪是我们饮食中的必要元素。它提供了许多组成脑细胞的天然原料。然而关键是要适量食入好的脂肪。好脂肪存在于红花、葵花、橄榄或大豆榨取的油中；也含在像鳄梨、坚果和鱼这样的食物中。脂肪的新陈代谢是身体内一个漫长的机能过程，它需要的时间远远多于其他营养物质。为了完成这个过程，血液从其他器官流入胃中。这时，脑部的血流量会减少，这就能解释为什么吃过高脂肪食物后注意力会减退。高脂肪的饮食（超过饮食总卡路里数的30%）会更多地导致诸如心脏病、中风、癌症这样的致命疾病；并且还显示出会减缓思考能力。低脂肪饮食易于消化，保持动脉的健康，并使头脑更加清醒，精神更加集中——这是良好记忆力的一个前提。

咖啡因的问题

你喝咖啡吗？你选择什么样的咖啡？你喝不喝其他含咖啡因的饮料？喝多少？你是否希望你没有喝过？许多年来，对咖啡的研究一直集中在咖啡因的影响上。看起来这种全世界的消遣反映了大众饮食矛盾之一。美国夏洛特市北卡罗莱纳大学的一项研究发现，一杯咖啡中所含的咖啡因足以影响你对新学知识的回忆能力；然而马萨诸塞理工学院的另一个研究却发现咖啡因在许多指标上促进了大脑的表现（朱蒂斯·乌尔特曼，1988年）。尽管两份报告存在矛盾，但没有科学证据显示适量地摄入咖啡因对健康有长期不好的影响。乌尔特曼博士说："由同等受尊敬、客观的研究人员进行的研究会反驳所有关于咖啡因与健康问题有关的报告，他们则指出没有这样的关联。"

咖啡的矛盾在于，它可以刺激大脑，但同时又可以减少大脑内的血液流动。因此咖啡因被用于治疗偏头痛，它帮助收缩大脑中扩张的血管。可以肯定，咖啡因饮料可以使精神迅速清醒并持续至多六个小时。但是，还是那句老话，"过犹不及"，在这儿很适用。咖啡因对有些人会产生副作用。如果饮用咖啡因饮料后出现失眠、神经过敏、多汗、头痛、胃部不适等症状，你一定要停止再饮用了。你应该考虑用一罐健脑饮料来替代咖啡了。找那些含磷脂酰基胆碱、磷脂酰丝氨酸和其他健脑物质的饮料，这些可口的补品可以对你的大脑起和咖啡相似的作用，但少含咖啡因。

糖的问题

刺激大脑交流和蛋白质生产的化学能量几乎全部来自葡萄糖（一种单糖）。英国科学家让学生在下午喝高葡萄糖饮料并研究了其效果。学生们的注意力有了很大提升，而且在做困难工作时失败较少。这是不是说孩子们学习时要给他们吃些高糖的食品？恐怕不是，大多数营养专家说许多孩子（还有成人）吃糖已经太多。实际上，有些个案表明儿童会因为高糖饮食引起过度兴奋和学习能力下降。可是，我们的身体仍然需要血糖来提供能量。所以，在低血糖情况下学习知识或做重要的事可不是个好主意。最新研究发现淀粉比糖能更快地提升血糖水平。因此，我们向您推荐的健脑小食品是饼干或曲奇。尽管有些想法认为水果可以提供更多的能量，但事实上果糖无法直接向大脑提供能量，因为果糖不能通过血脑屏障。而蔗糖（葡萄糖和果糖的化合物）却能够做到。

有利于记忆力提升的食品

多吃蔬菜和水果有助于保护大脑并保持记忆。它们还有助于提升多巴胺的水平（多巴胺是我们大脑中与记忆和情绪有关的一种化学物质），它存在于浆果、胡萝卜、马铃薯、豆瓣菜、豌豆、多脂鱼类以及啤酒酵母之中。其他有助于大脑功能的食品还有红胡椒、洋葱、椰菜、甜菜、西红柿、豆类、坚果、种子、糖浆、瘦肉以及大豆制品。

健脑食物推荐

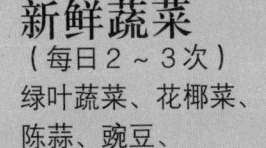

新鲜蔬菜
（每日2～3次）
绿叶蔬菜、花椰菜、
陈蒜、豌豆、
胡萝卜、土豆

优化蛋白质
（每日2～3次）
金枪鱼、三文鱼、
酸奶、蛋类、火鸡、
肝脏、沙丁鱼、
凤尾鱼、鲭鱼、
贝类、大豆

新鲜水果
（每日2～3次）
香蕉、鳄梨、
蓝莓、橙子、
草莓、番茄

饮料
（每日8～12次）
纯净水、
绿茶、
鲜果汁

碳水化合物
（每日1～3次）
谷类、豆类、
葵花籽、坚果

减少酒精摄入量

　　酒精会影响你的记忆，即使是少量、正常的量也会让你的准确度稍差。然而，生活中一个不争的事实是，大多数人喜欢喝上一两口，而且我们大多数人也许喝得太多了一些。酒精可以帮助放松，并能增强社会交往。除此之外，我们许多人喝酒可能只是因为刚过了紧张的一天。在晚上休息的时候、吃饭时，或看电视的时候，你一旦开了一瓶酒，喝的就很有可能不止一两杯。

记住，酒精是一种药。几乎在不知不觉中就有了经常喝多了一点的习惯，然后它就可能逐渐开始对你记忆的最佳发挥产生消极的影响。本部分对如何将你喝酒的总量减少到一个安全或风险很小的层度，并保持这个水平，提供指南。

酒精是如何影响记忆的

酒精对学习和记忆都有着强烈的影响。它影响到大脑中的叫作谷氨酸的化学物质。谷氨酸会妨碍大脑形成新记忆，尤其是对诸如名字或电话号码之类的事实，以及诸如你昨晚做的事情之类的事件的记忆。即使是小剂量的酒精也会破坏你对小段信息形成记忆的能力。酒精还会降低你对之前已经形成的记忆的再现能力，并可能引发舌尖现象。

狂饮

一次喝太多的酒就是狂饮，它会导致记忆力彻底丧失。经常性这样做对记忆力极度有害。长期酗酒过度的人甚至会得可萨可夫症——大脑丧失了恢复能力的一种痴呆形式，它导致极深的和永久的记忆丧失。

性别差异

酒精对妇女造成的影响要比男人更大。这是因为男人体内的总含水量要高，因此酒精被稀释或更有效地从体内清除出去。妇女往往将酒精以高浓度的形式更长时间储存在体内，结果就更容易对记忆和注意力造成损害。还可能有月经周期和女性荷尔蒙之间的相互作用，也就是说，酒精在一个月中对妇女的影响方式会因为时间的不同而不同。

更安全的酒精限量

我们每个人都不同——体格、体重、性别、年龄以及承受程度都是个性化的，因此你必须了解你自己能接受的量。下面给出的是推荐的量（标准的一顿酒或者一个单位指的是：一瓶啤酒、一小杯的烈性酒、一小杯红酒，或一小杯的开胃酒)。

男人：每星期不超过 15 个单位，最好每天不超过两个单位，每周留出两天不沾酒。

妇女：每星期不超过 10 个单位，最好每天不超过一或两个单位，每周留出两天不沾酒。

怀孕期妇女：不喝酒。

如果你的身体已对酒精上瘾：戒酒。

如果你的身体患病因为喝酒而加重：戒酒。

如果你正在开车、骑车、操作机器或锻炼：戒酒。

可怕的宿醉

宿醉让我们感到可怕的原因有以下几点：

产生毒素

过量的酒精向我们身体内注入毒素的速度超过了身体将它们冲洗出去的能力。结果导致了各种各样令人不愉快的效果，如：剧烈的头痛。毒素还可能刺激你的胃，从而引发疾病。

喝酒而导致的液体流失比摄入的多，从而导致头痛以及其他的症状，如：头晕。

缺乏正常的睡眠

你的睡眠模式在你喝了大量的酒后就会变得阻止一定的深度睡眠和做梦，因而缺乏有质量的睡眠导致了你所感觉到的作为宿醉一个部分的总体的疲惫和性情乖戾。

增强年龄所带来的影响

随着我们渐渐衰老，我们身体对究竟的承受力也逐渐变差，当时和后续的影响也会加重——例如，使我们感到醉得更快，并且宿醉更厉害。如果我们在年老时还喝大量的酒,那么甚至可能会受到更大的损害,这是因为我们的大脑同我们一起在变化和老化。同时,它的弹性开始变得较差,而且酒精会增强年龄老化已经给我们记忆带来的影响。

更安全地喝酒的小窍门

不要每天都喝。

如果你已经在喝了,就严格遵守所推荐的针对男人和妇女的指标。这并不意味着你可以在一两个晚上把所有的"单位"全部喝光。这就成了狂饮,对你的头脑和身体都没有好处。

买一个酒瓶塞。这样你就不会开一瓶就喝完一瓶了。

避免在午饭时喝酒——即使只喝少量的酒也会影响你下午的表现。

避免宿醉。在喝酒期间喝水使自己的体内保持足够的水分。

酒鬼和饮酒过多的人每天杀死60,000个脑细胞,比少量饮酒或滴酒不沾的人高出60个百分点。

如果你确实放纵了一回,那么在以后的几天里就不要喝酒。尽量从中吸取教训。问一下自己为何狂饮?是有所焦虑吗?是不是它使自己对正在发生的事情不太习惯或者甚至不太能控制?是否希望这样的事情再次发生?如果对最后一个问题的答案是不,就采取一些积极的行动改变自己的行为举止。

压力的处理

压力让我们感到紧张和不舒服,甚至无法控制。压力有不同的方式。可能只是要做的事情太多，或者可能发生了一件特别的事情，也可能是诸如人际关系的难题或居住环境吵闹或拥挤之类的原因。有些压力是短期的。例如，陷入交通堵塞；有些压力则是长期的，如慢性的背部疼痛让你难以入眠。

压力是记忆碰到难题的一个主要原因，主要是因为它使你不能集中注意力。除了阻止新记忆的形成之外，你可能注意到自己的回忆更差了，而且处理复杂事情的能力也变差了。

有利的压力和不利的压力

压力是生活的自然产物。我们需要刺激，因而少量的压力（有利的压力）可能是有用的。它能帮助我们保持最佳的思维警觉水平——例如，当我们需要完成一份重要的报告。如果我们有太大的压力（不利的压力），我们就会变得惊慌和不知所措。而且在我们对它采取措施之前，生活似乎失去了控制。

	有利的压力	不利的压力	短期压力	长期压力
原因	考试、面试、怯场	太多焦虑或分心的事情、过分精神警觉	交通堵塞、看牙医	慢性疼痛或慢性病、失业
结果	肾上腺素帮助你有良好的表现	各种疼痛、不能正常发挥	轻微的身体或头脑病症，不久以后就得到平息	持续的身体或头脑病症，并可能加重

身体迹象

你可能发现自己的身体对压力也会做出反应。你感到焦虑和疲惫不堪、没有胃口、不断地感到被打搅而不能集中注意力、变得消极、睡眠模式被破坏，并经常做令人提心吊胆的梦。严重的压力会引起诸如过敏、消化不良、皮肤病、疼痛、精神恍惚等身心疾病。虽然这尚未有真正明确的解释，慢性疲劳综合症被一些研究者认为是严重压力使之加剧的后果——这几乎就像是你再也应付不了了，因而系统陷入瘫痪。

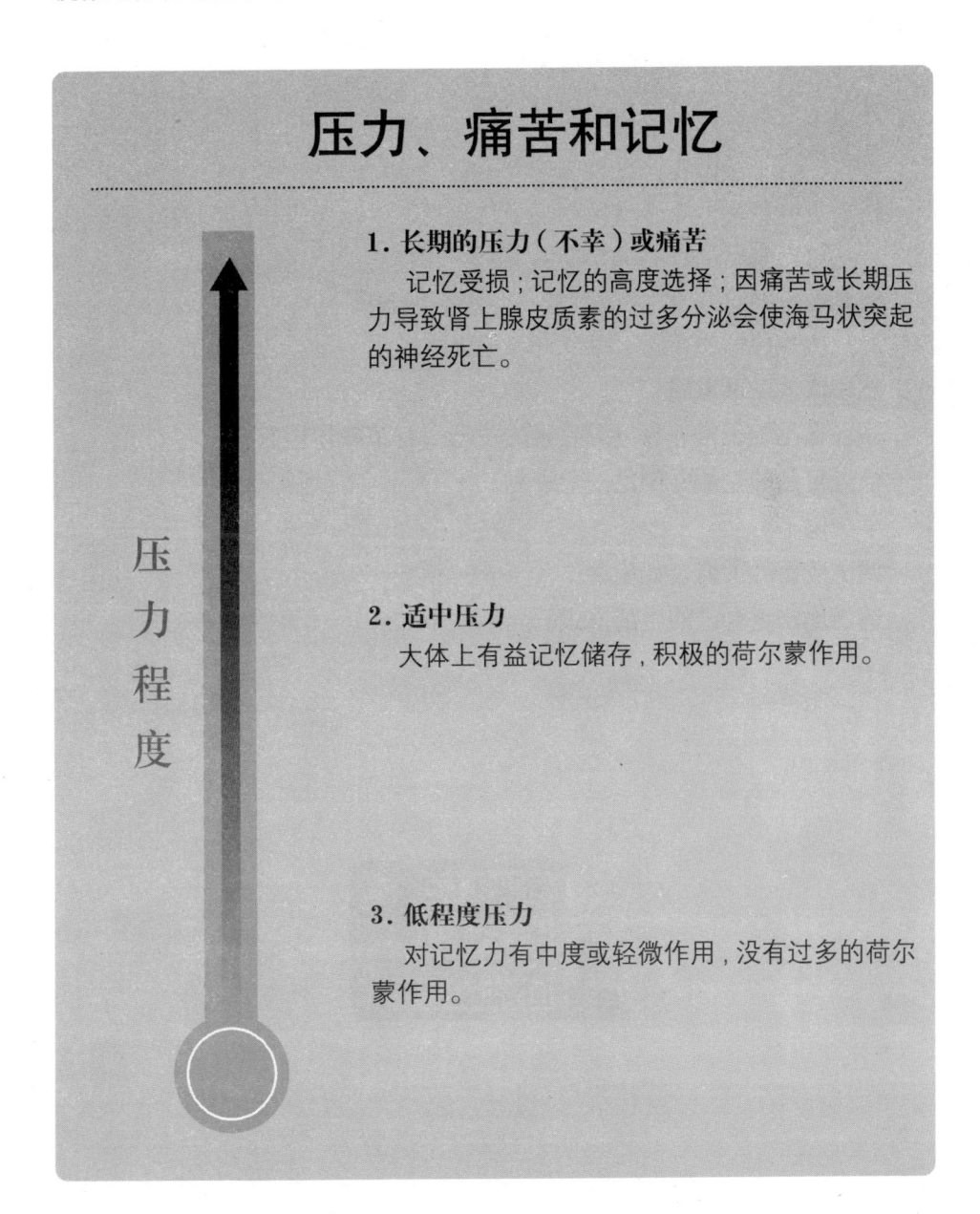

压力、痛苦和记忆

压力程度 ↑

1. 长期的压力（不幸）或痛苦
记忆受损；记忆的高度选择；因痛苦或长期压力导致肾上腺皮质素的过多分泌会使海马状突起的神经死亡。

2. 适中压力
大体上有益记忆储存，积极的荷尔蒙作用。

3. 低程度压力
对记忆力有中度或轻微作用，没有过多的荷尔蒙作用。

如何对付压力

要对付压力就必须设计策略。你必须识别早期的警示，然后学会如何去处理问题。首先，你必须识别原因。

是自己所处的环境吗？

是不是自己只是要做的事情太多了？

是不是当前有什么特殊的原因？

是否因为自己的生活方式而加剧？

你是否能有效地管理自己的时间？

你在白天有办法释放已经形成的紧张吗？

你有足够的自我支配时间吗？

然后试试以下策略：

保证自己的正常呼吸（深呼吸的技巧会有镇静作用）。

检查自己的生活并制定一个计划。

学会说不。

试试放松的锻炼，如瑜伽。

适当地修正自己的生活方式。

第10章

提高记忆力的思维游戏

初级

横向：
118   2133   6289   126   2345
6321   149   2801   9134   197
2803   9277   421   3458   9783
738   3482   12304   769   3485
12334   823   4190   12345   864
4227   53802   932   4656   56182
987   99   093878   1366   5660
9124914

纵向：
14   15   25   33   39   42   1178
2119   3002   6334   8228   9998
12735   15787   17151   26991
26114   64843   116357   200900
443628   492660   536293   593680
4143383   5428292   6132104
586713226   9819216030

(001) 按照右侧指示在左侧空白处填入适当的数字。

(002) 你能找出右边这种瓷砖上的序列是如何改变的吗？找出这一系列图案中的第四个应该是什么样子。

A   B   C   D

第 10 章 提高记忆力的思维游戏

003 在图中你能找出多少个正方形呢？

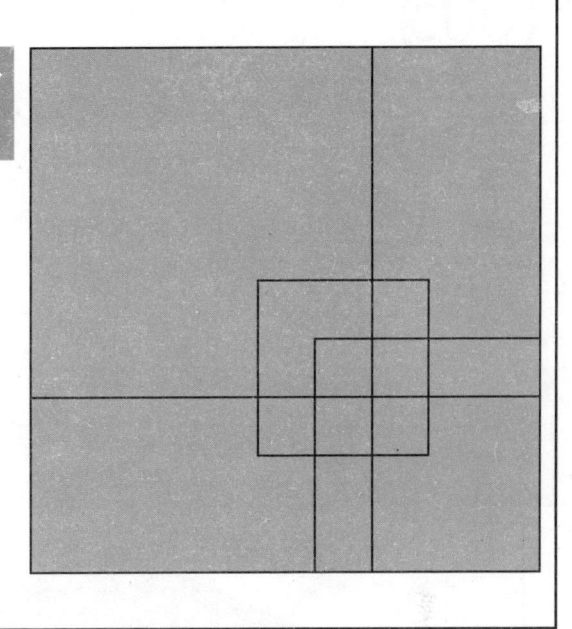

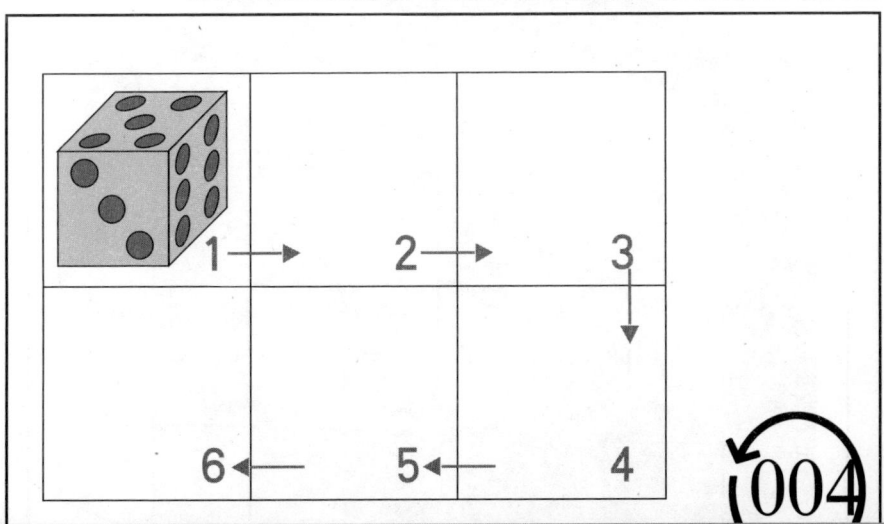

004 让色子滚动一面，到方框 2 里面，依此类推，每次滚动一面，依次滚到方框 3、4、5、6 中。想一想，在方框 6 里面色子顶上的数是几？

005

题1：观察下面这一由方块组成的图形。我们假定所有现在隐藏起来看不到的方块都处在它们相应的位置上，那么要使整个立方体图形完整，需要再在空缺处加入多少个方块呢？

题2：推测完上个问题之后，再次观察这个图形。假定所有隐藏起来看不到的方块都处在它们相应的位置上，而现在我们假设所有你能看到的方块都蒸发不见了，那么后面又会留下多少方块呢？

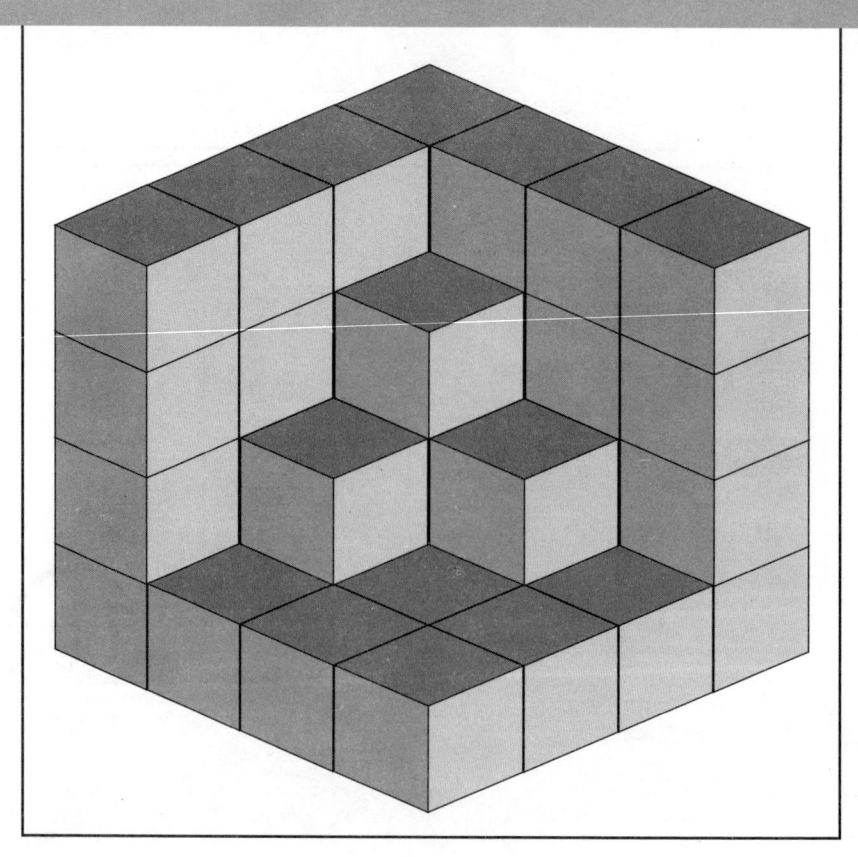

第 10 章 提高记忆力的思维游戏

(006)

用一条线连续画出。这条线既不能与自己交叉，也不能重复出现。你必须从线团开始画，然后到风筝的正中央结束。

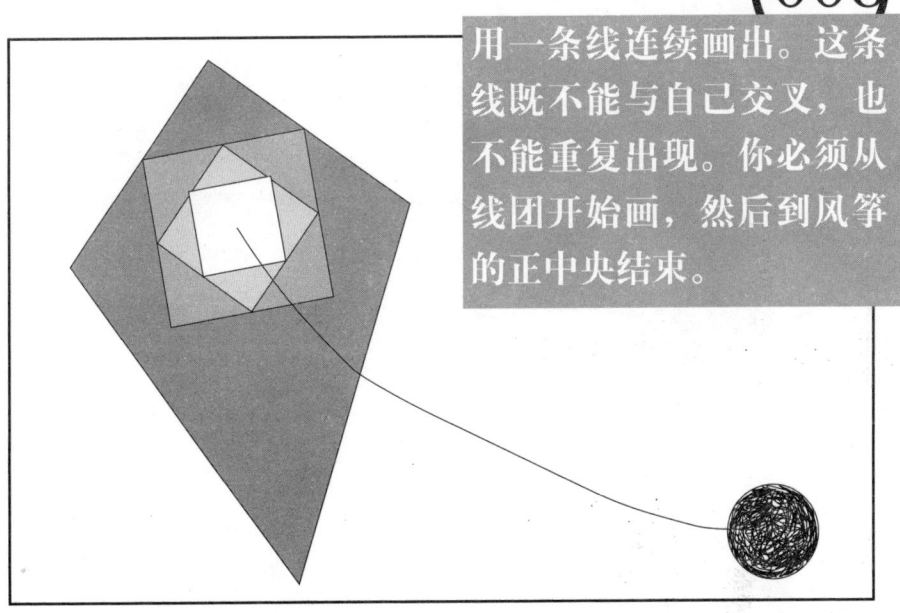

(007)

只移动三根火柴，将这个形状变成由三个菱形组成的立方体。

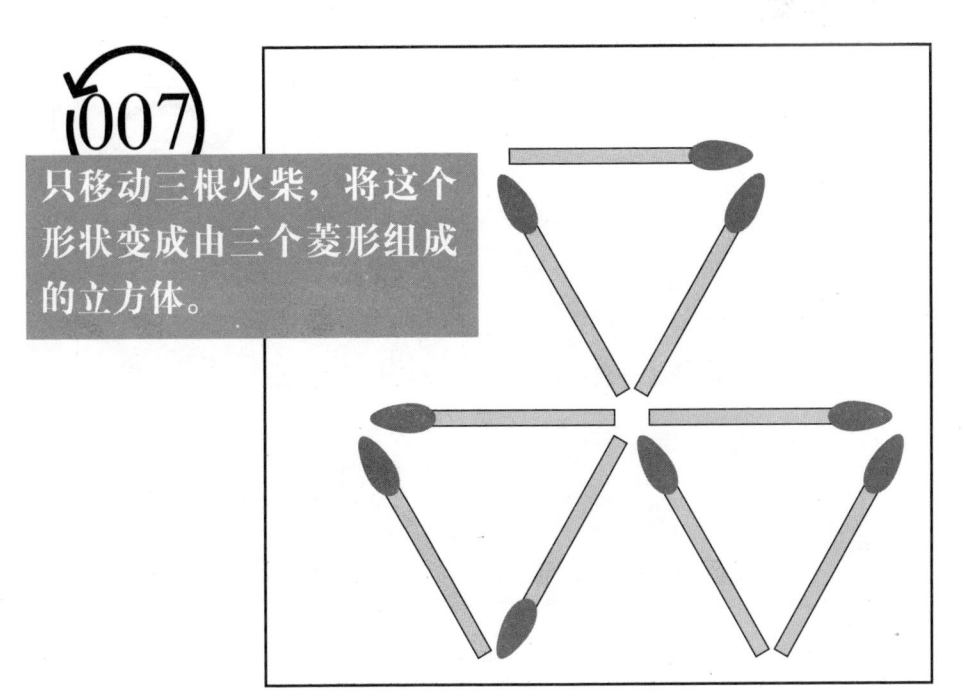

怎样拥有超级记忆力

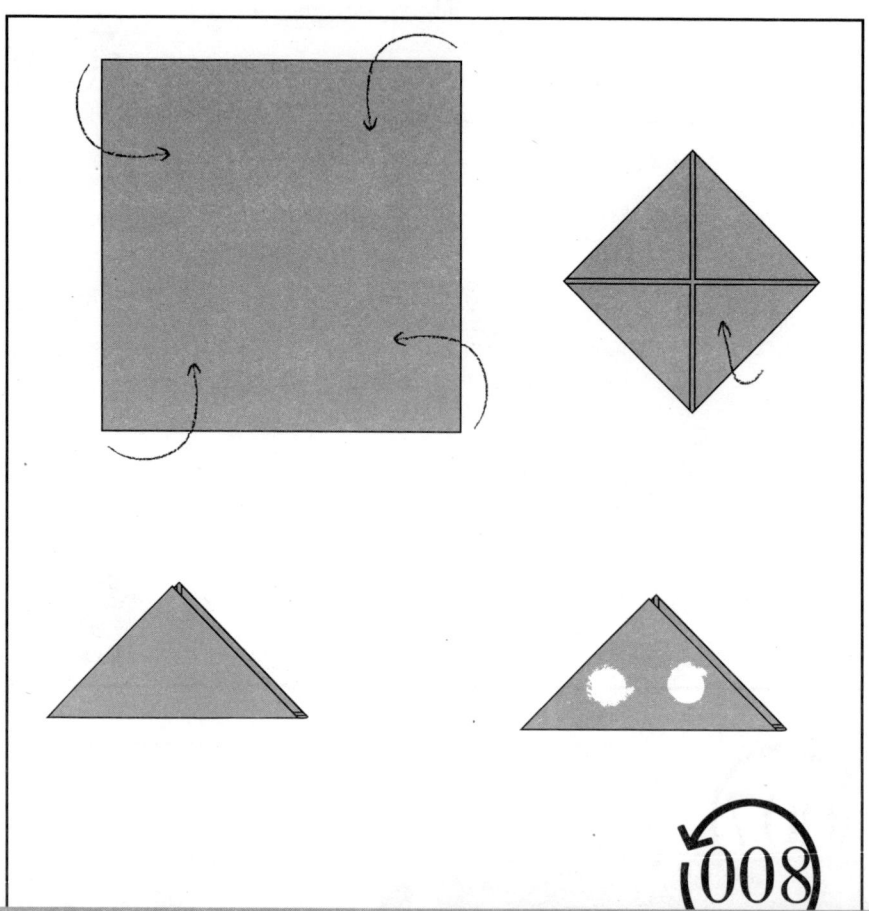

观察上面这张纸的折叠步骤，最后一个步骤是要在折好的纸上穿透打孔。现在打开这张纸，哪个图案才是与之相像的呢？

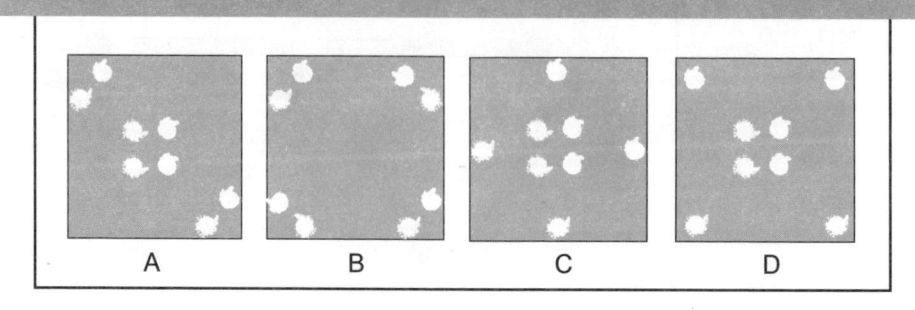

第 10 章 提高记忆力的思维游戏

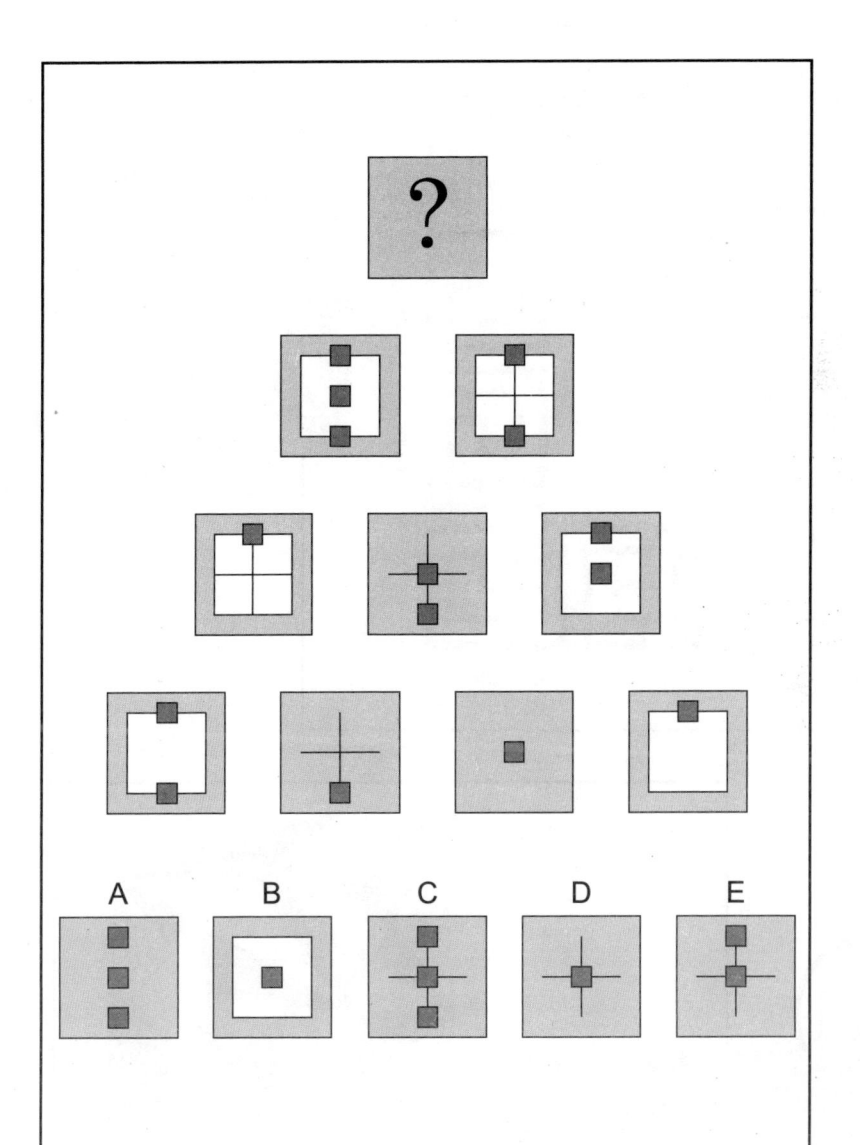

问号处应是 A、B、C、D、E 中的哪一个呢?

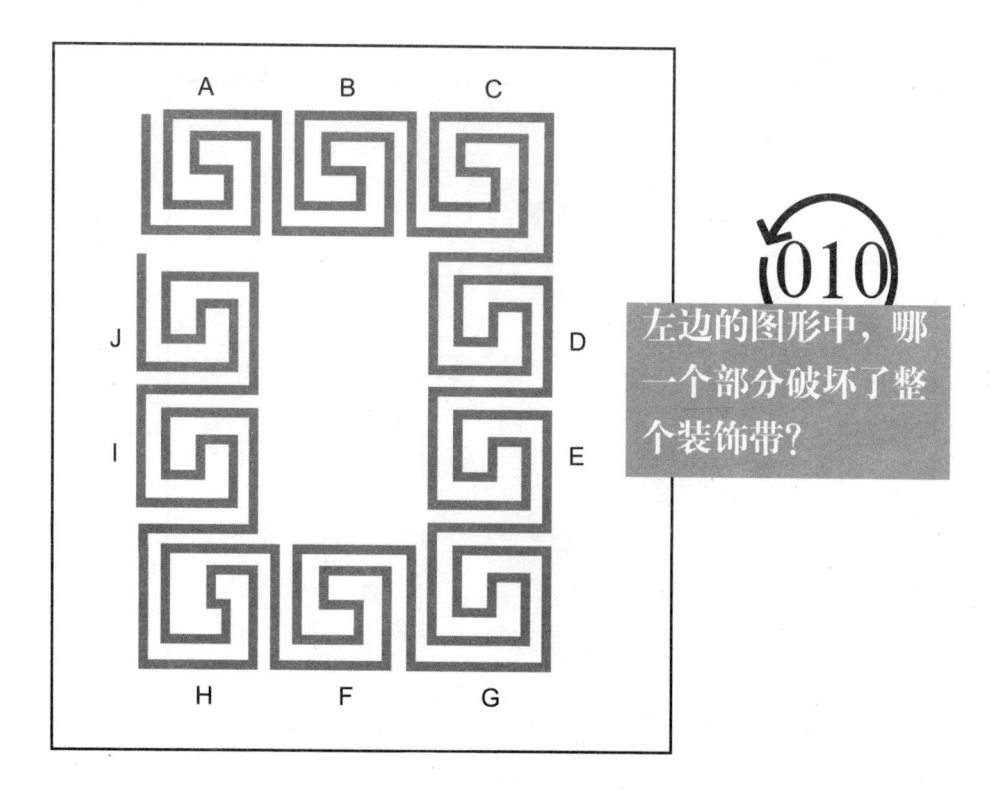

怎样拥有超级记忆力

010
左边的图形中，哪一个部分破坏了整个装饰带？

011
你能在多短的时间里找出隐藏在右图中的正五角星形。呢？

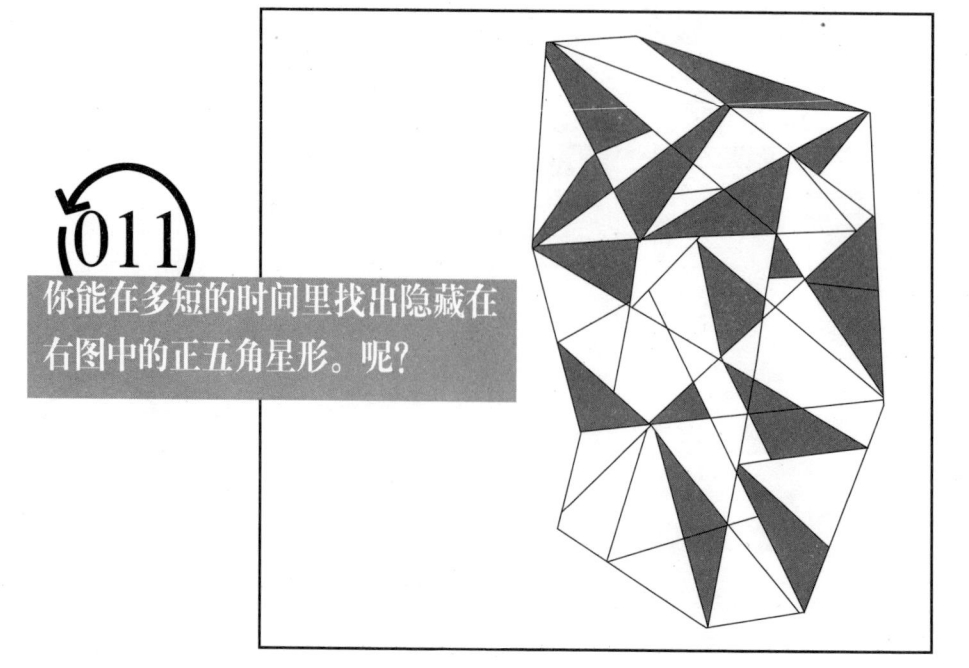

172

第 10 章 提高记忆力的思维游戏

012
右边的四幅图中只有两幅能够恰好拼成一个整圆，是哪两幅呢？

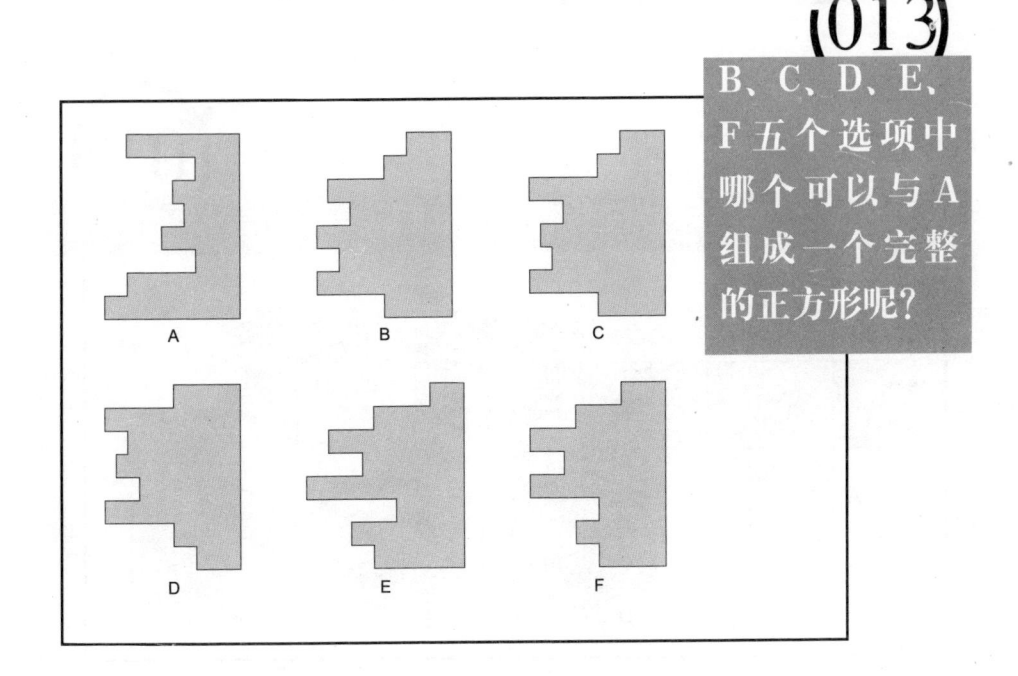

013
B、C、D、E、F 五个选项中哪个可以与 A 组成一个完整的正方形呢？

173

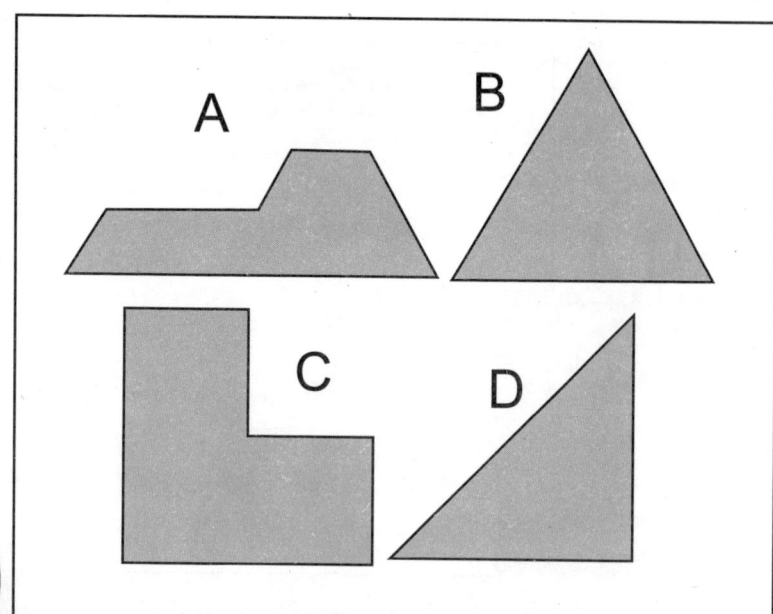

(014) 哪个图形能组成等边三角形呢？在一张纸上复制三个该图形，将它们组合成一个等边三角形。

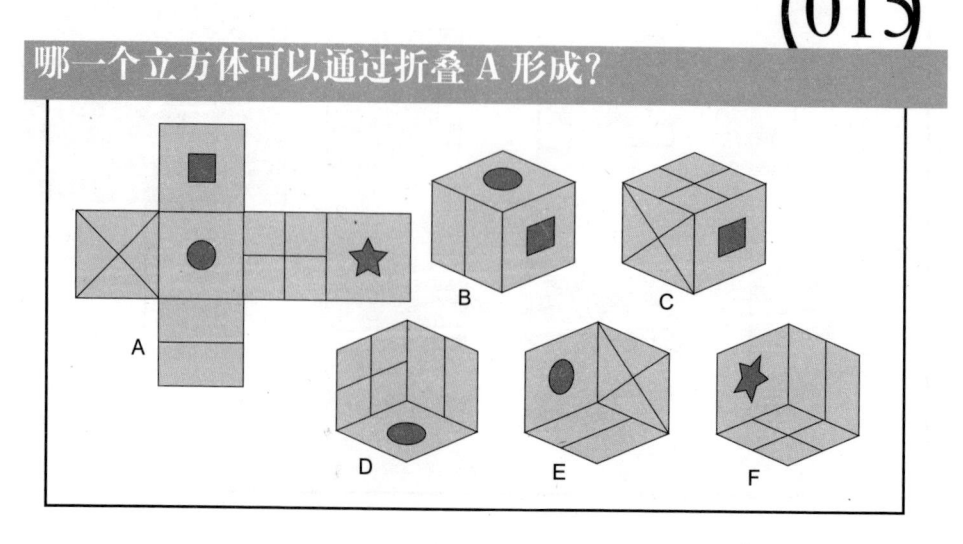

(015) 哪一个立方体可以通过折叠 A 形成？

第 10 章 提高记忆力的思维游戏

016

把左面的碎片拼起来，将得到哪个阿拉伯数字？

2　4　5
A　B　C

6　7　9
D　E　F

017

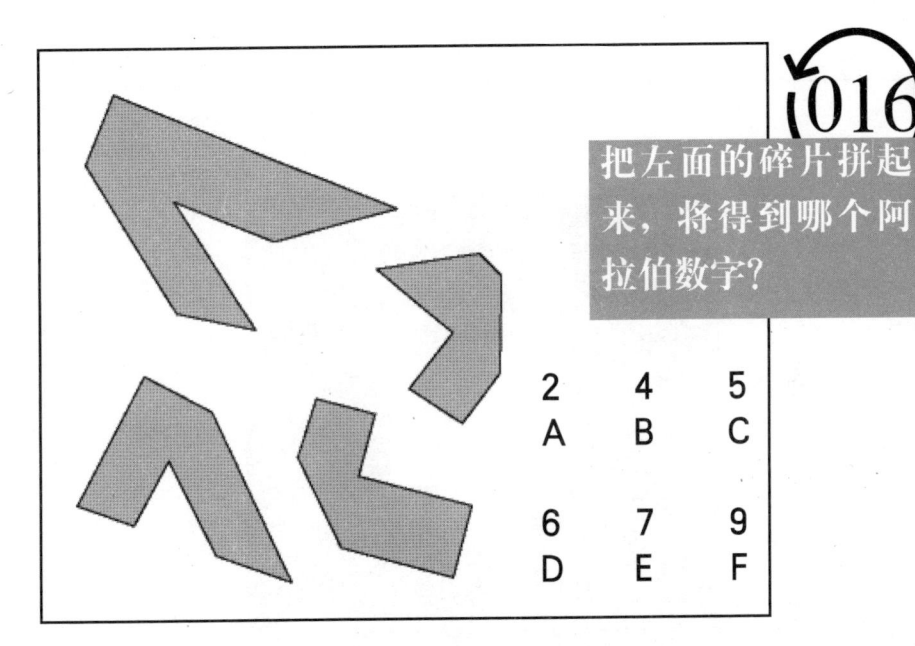

标号为 1A 到 3C 的图形分别是由标号 1、2、3 和标号为 A、B、C 的图形叠加构成的。图形 1A 到 3C 中有一个图形是不符合这一规律的，请把它找出来。

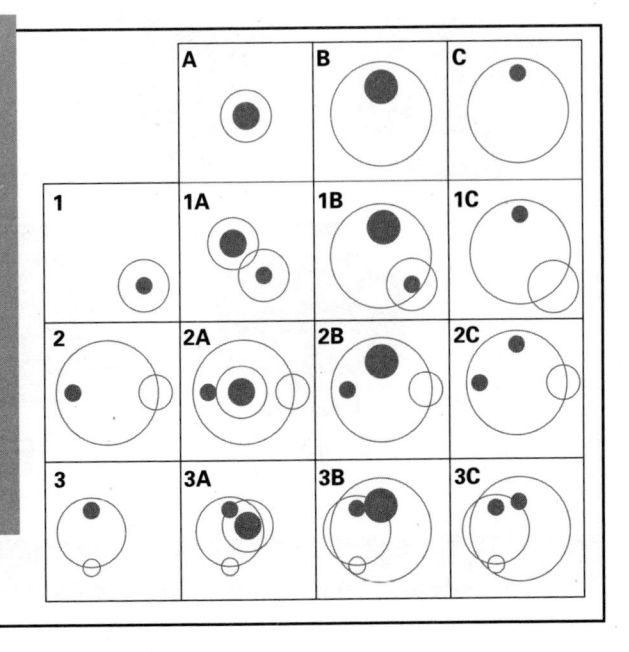

175

怎样拥有超级记忆力

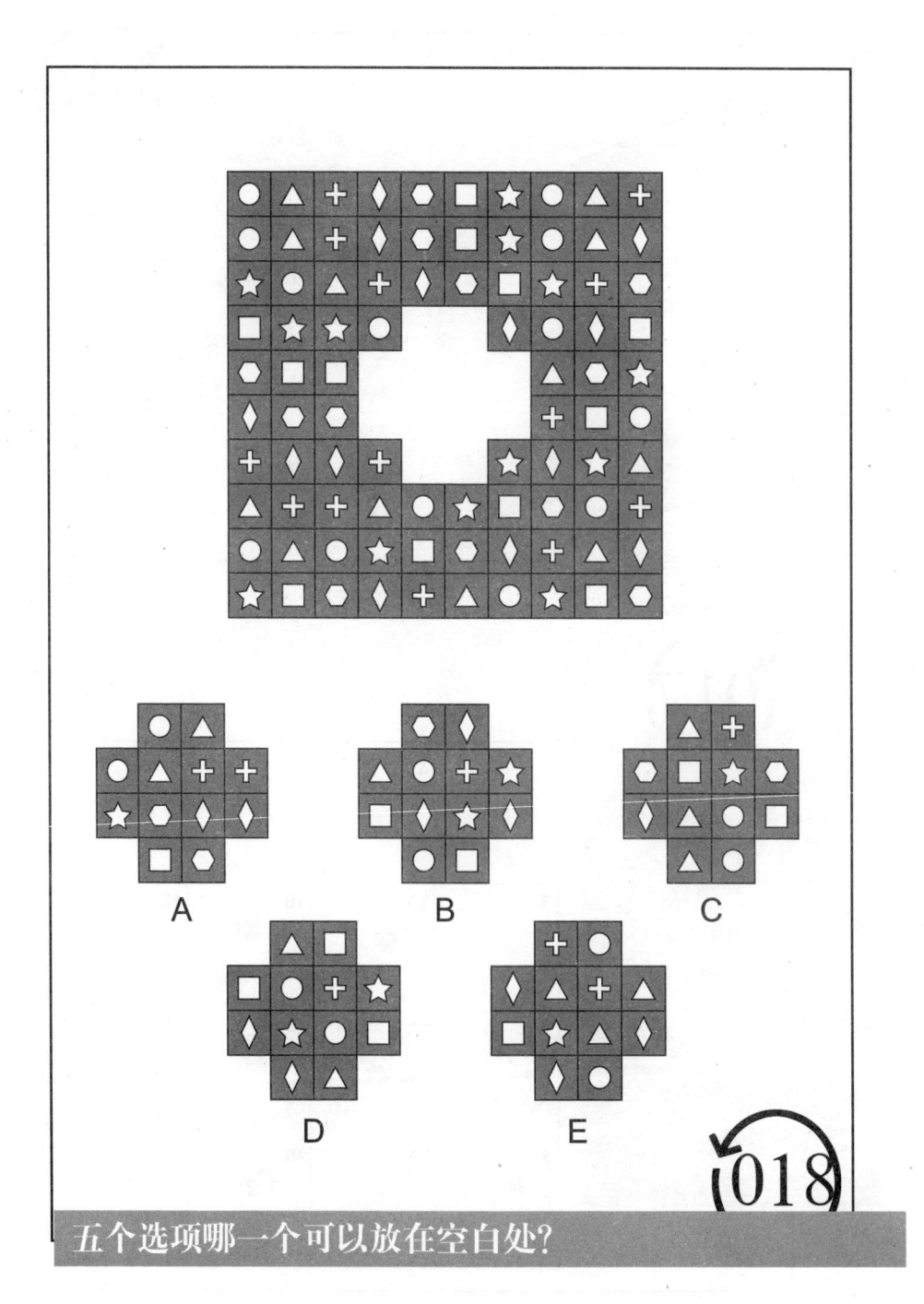

五个选项哪一个可以放在空白处?

176

第 10 章 提高记忆力的思维游戏

019

最后一格应该是哪一个图形？

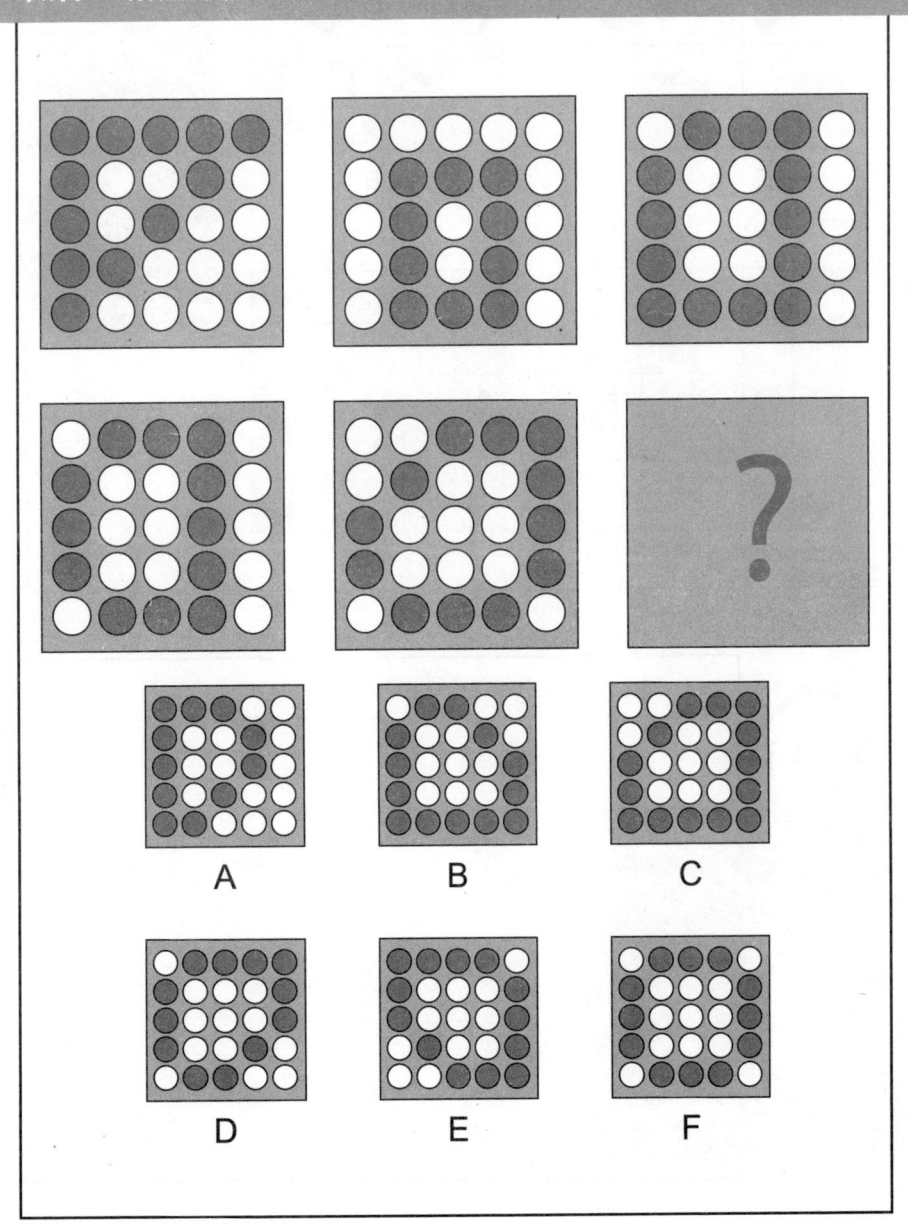

A　　B　　C

D　　E　　F

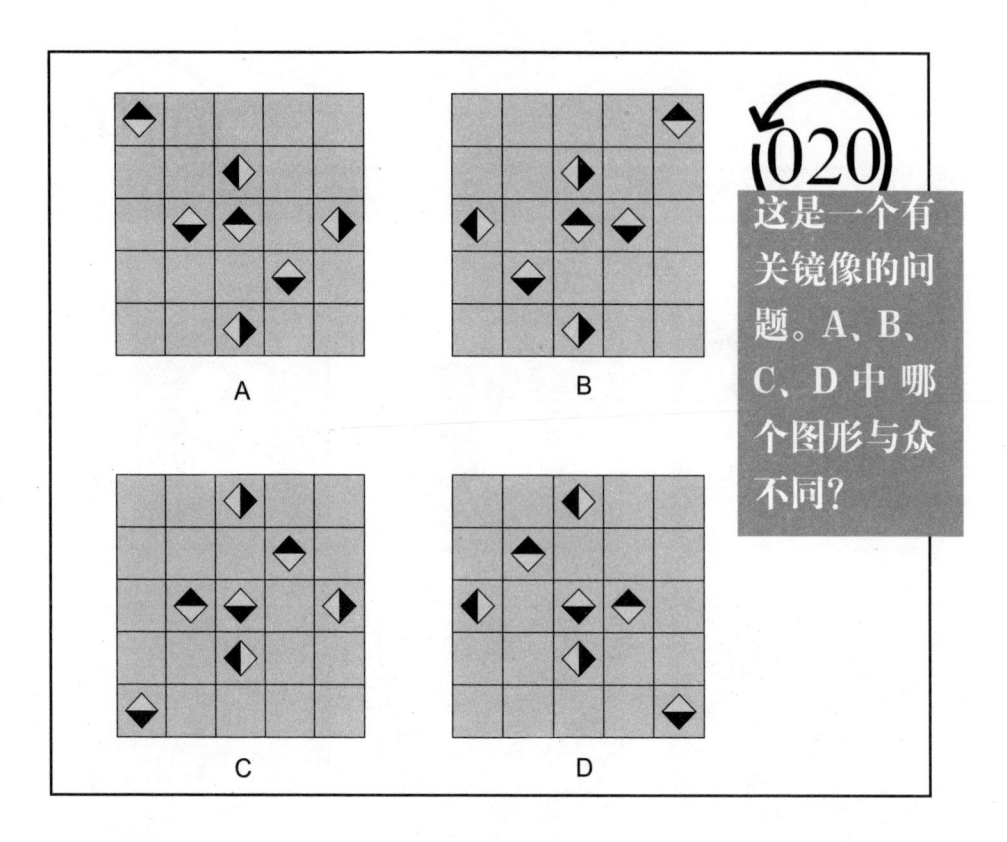

020

这是一个有关镜像的问题。A、B、C、D 中哪个图形与众不同?

021

通过将四个点进行连接,你总共能制造出多少个正方形呢?(注意:正方形的角必须位于一个方格的点上。)

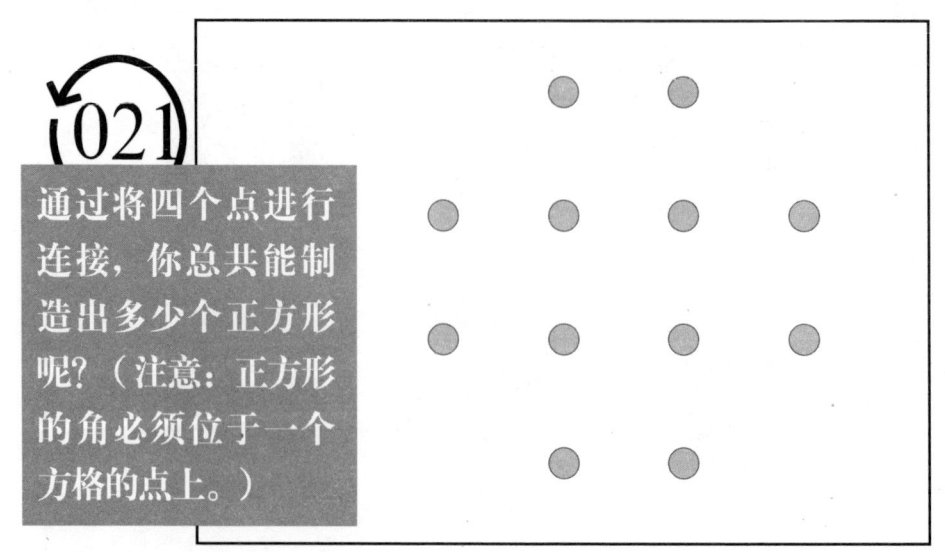

第 10 章 提高记忆力的思维游戏

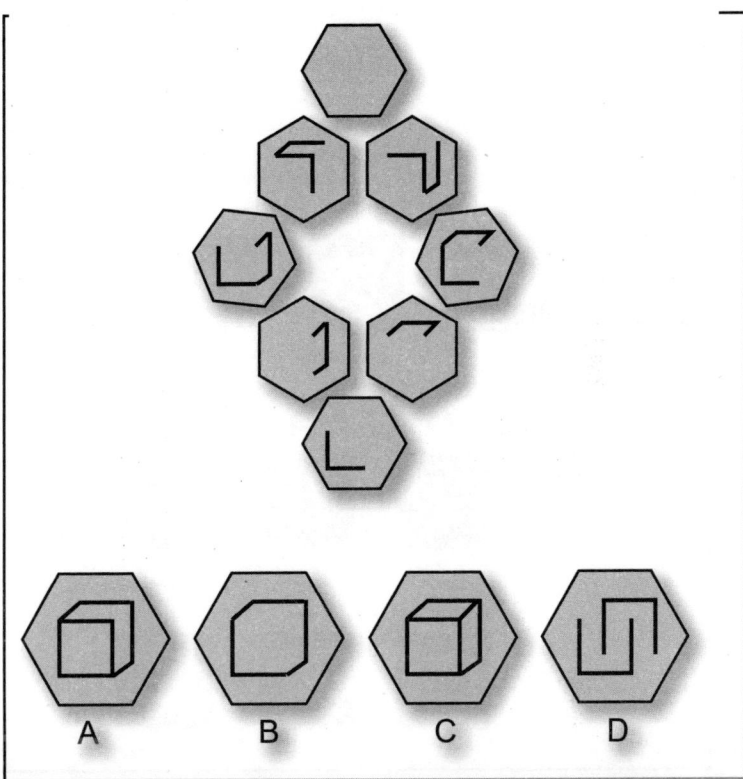

A　B　C　D

(022)
你能推测出图中最顶端的六边形所包含的内容吗？从选项中选择一个。

(023)
如果你将这些碎片拼成一个圆形，那么圆形内粗线所组成的图形将会是什么样子？

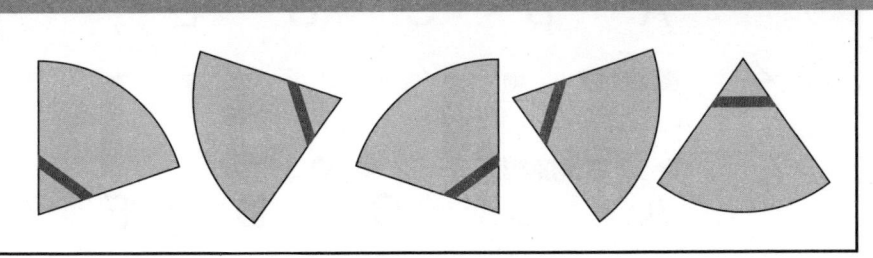

024

哪一个符号可以将这个序列继续下去？

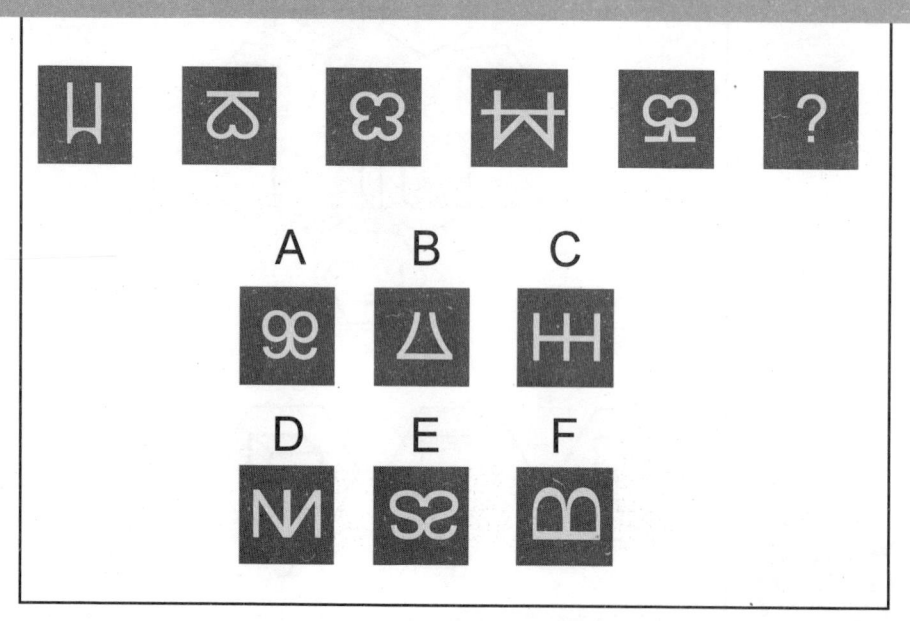

025

下列选项中哪一项与其他四项都不相同？

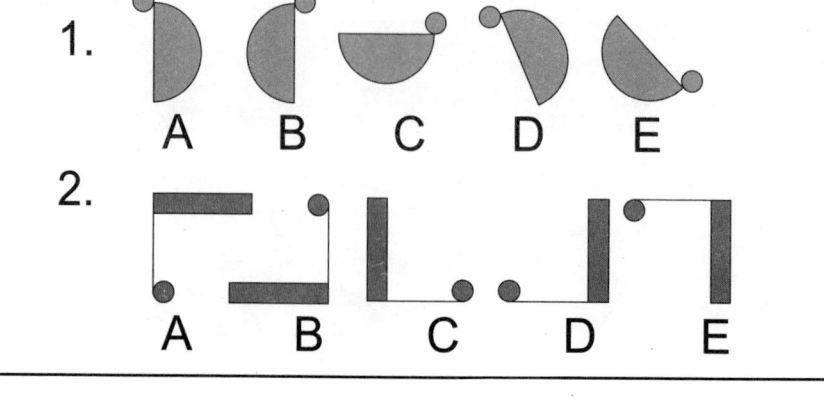

1.
A B C D E

2.
A B C D E

180

第 10 章 提高记忆力的思维游戏

想一想，哪个图形可以完成这组序列图？

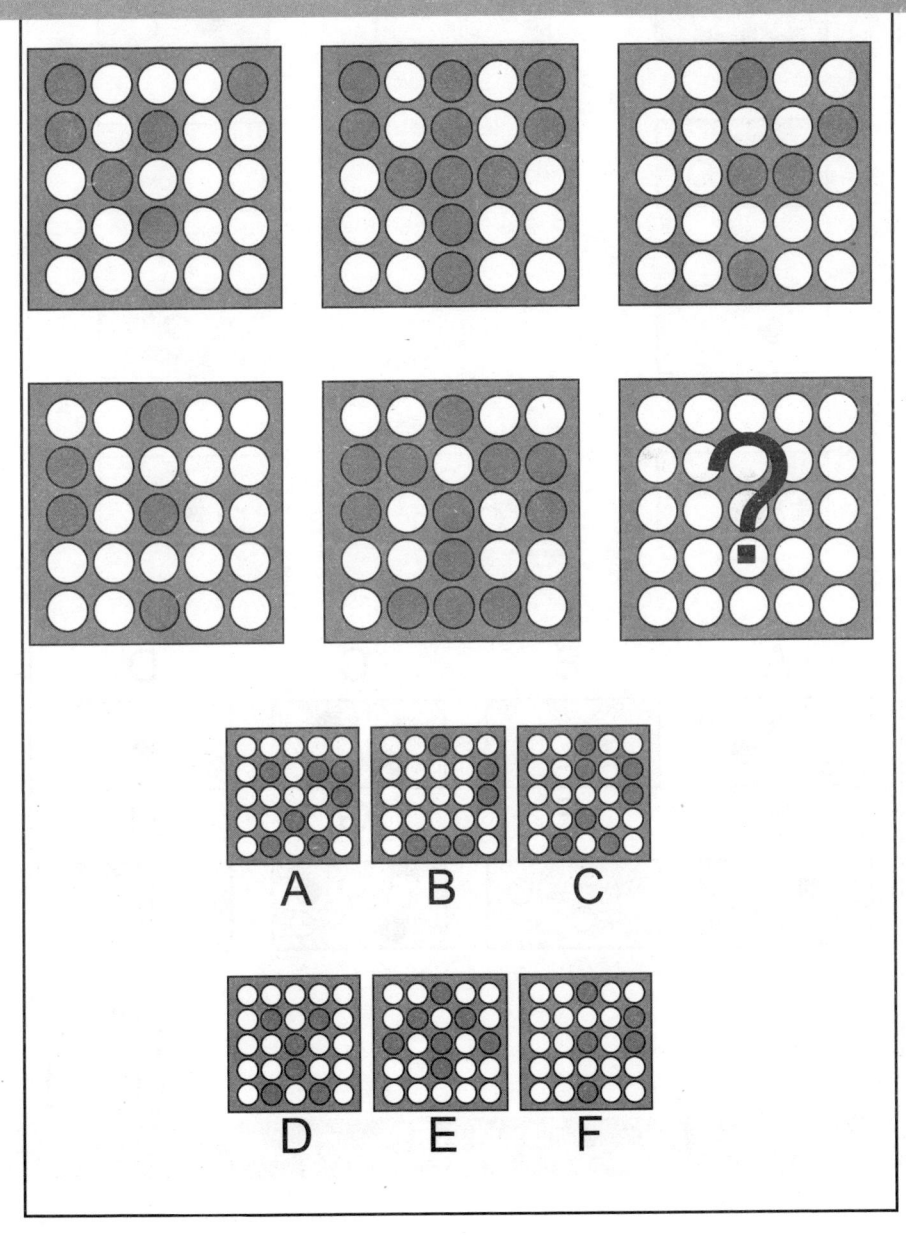

怎样拥有超级记忆力

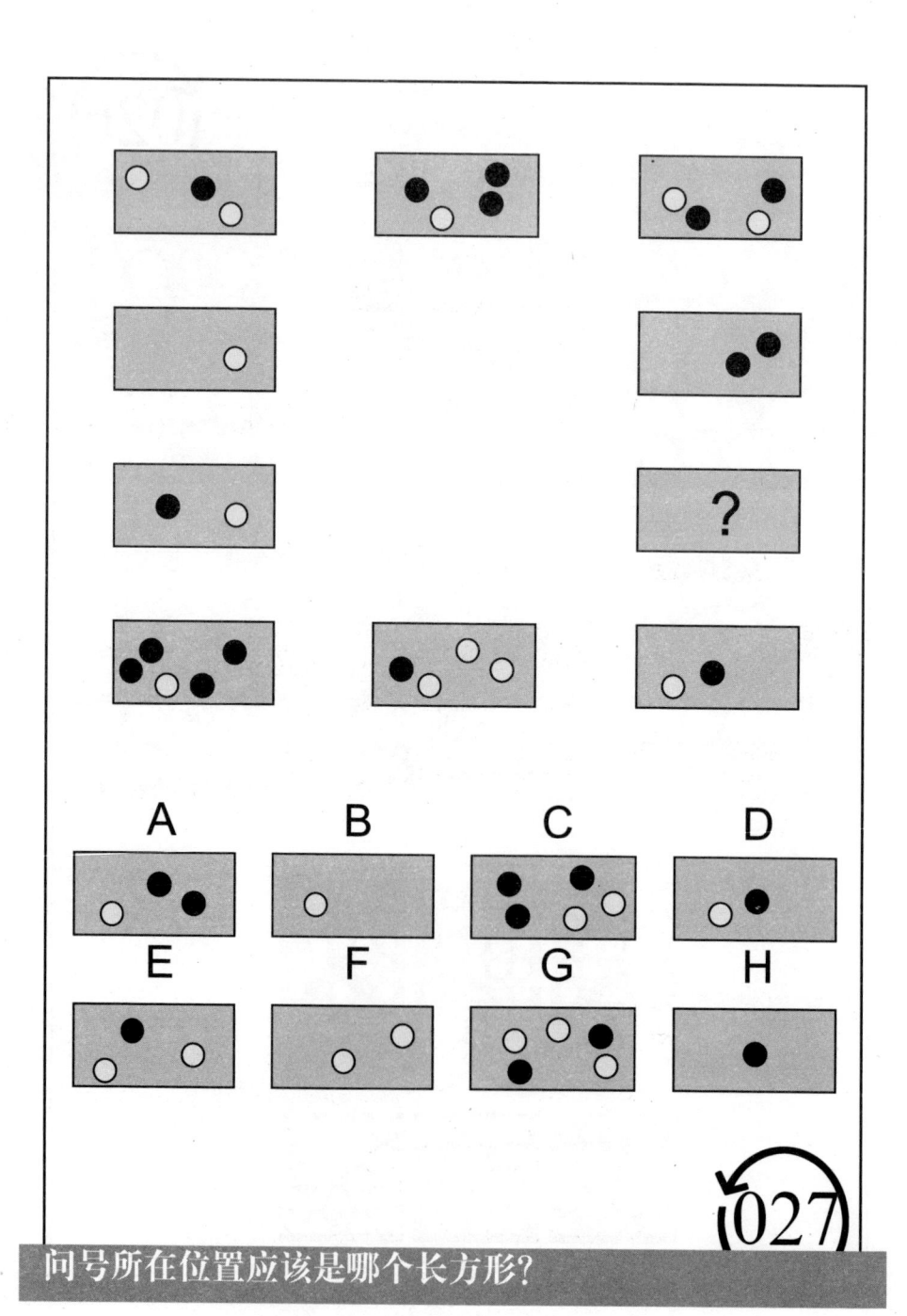

A B C D

E F G H

问号所在位置应该是哪个长方形？

第 10 章 提高记忆力的思维游戏

028

用直线连接这些小球中的 12 个，形成一个完美的十字架，要求有 5 个小球在十字架里面，8 个在外面。

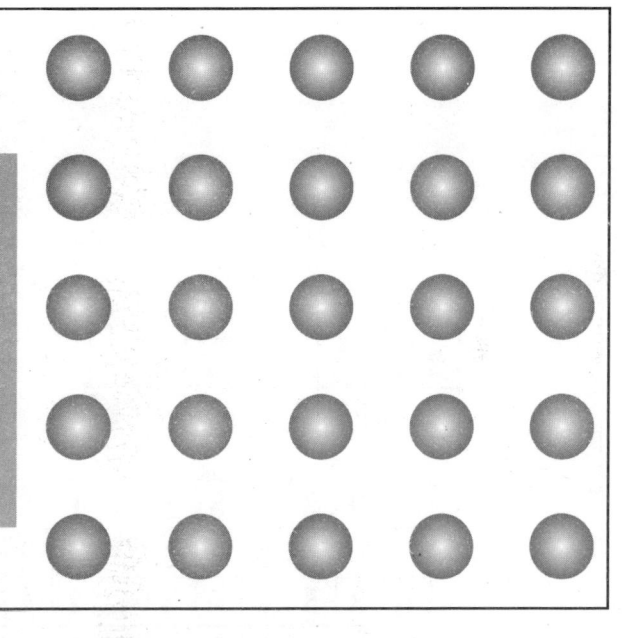

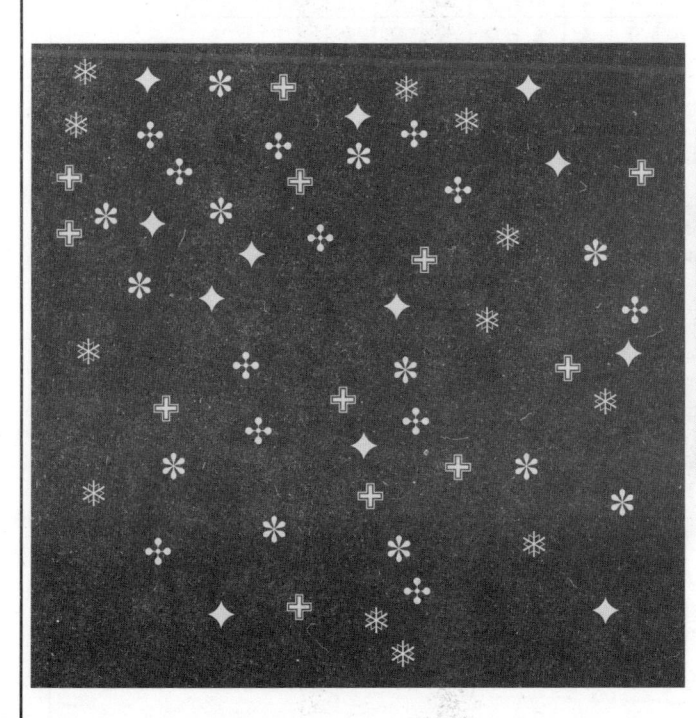

029

画三条直线将方框分成六个部分，要求每部分都含有每种符号各两个。

030

根据所给表格的逻辑顺序，A、B、C、D、E、F 哪一个可以填在空白处？

中级

(031)

木棍摆成如下图案，按怎样的顺序将它们拿开才能最终"解放"第12根棍子？记住：每根木棍被拿掉时上面不能压着别的木棍。

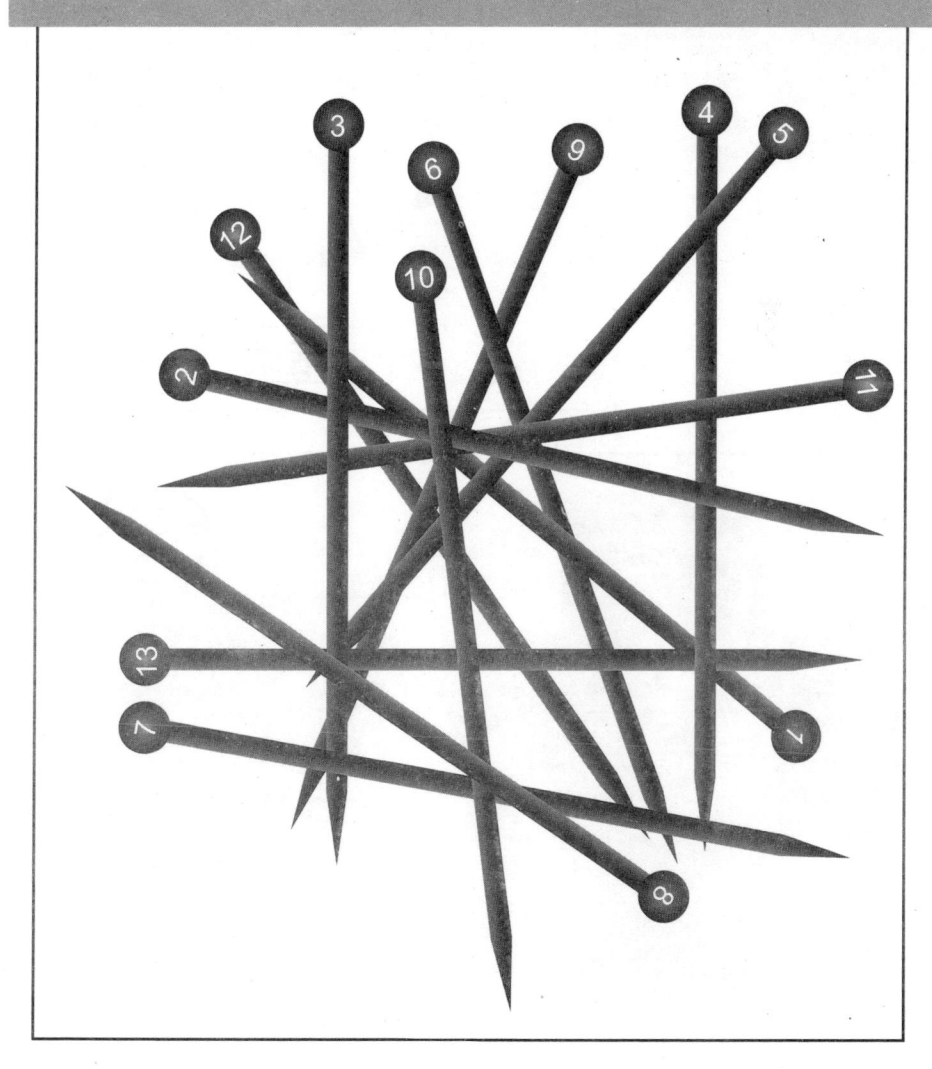

(032) 能够带你穿越这座八角形迷宫的路线总共有多少条呢？从起点到终点，你只能沿箭头所指的方向前进。

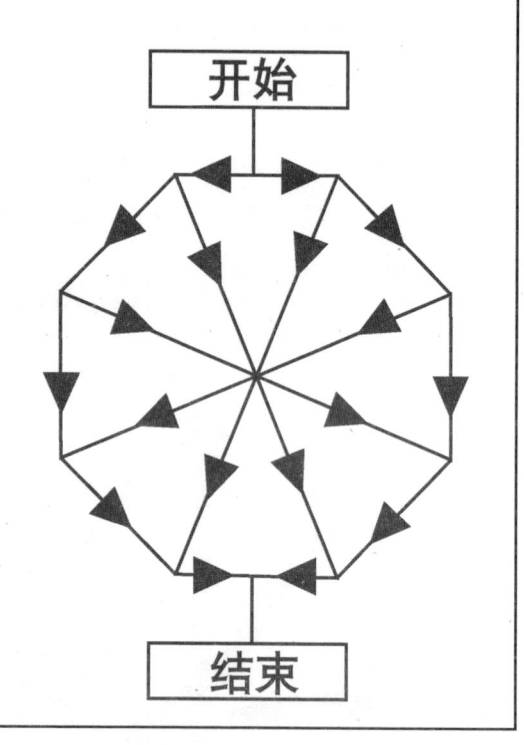

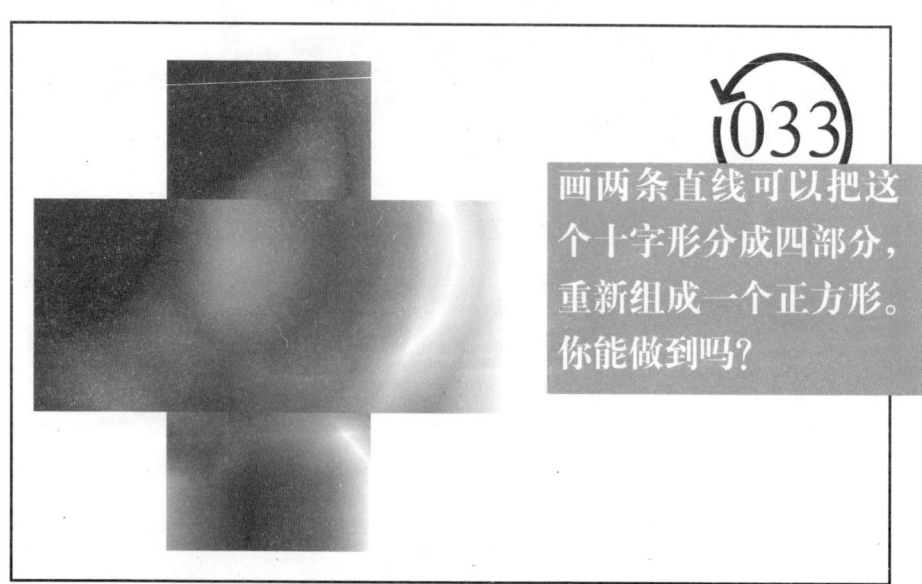

开始

结束

(033) 画两条直线可以把这个十字形分成四部分，重新组成一个正方形。你能做到吗？

第 10 章 提高记忆力的思维游戏

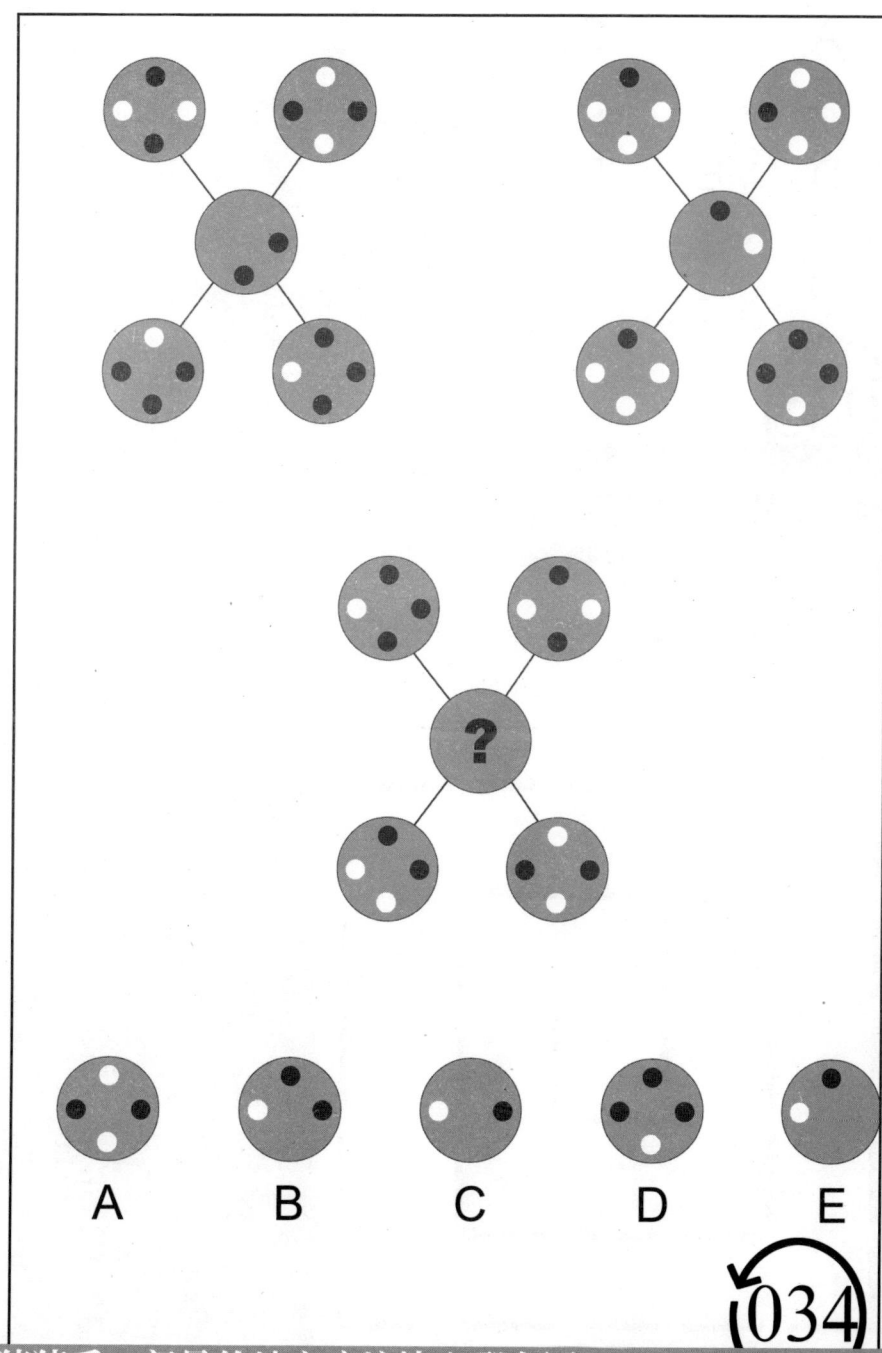

猜猜看，问号的地方应该填入哪个图？

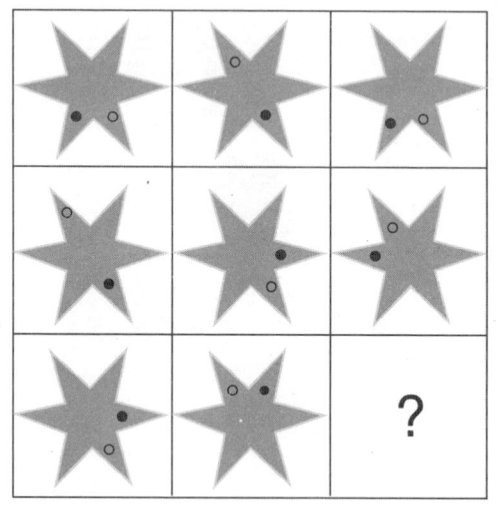

035

这六颗标号的星星哪一颗应该放在问号处?

036

打开你的绘画盒,拿出35支彩色铅笔,按图中所示摆成回形。现在,移动其中的四支铅笔,组成三个正方形。如果手边没有足够的彩色铅笔,你也可以用牙签或者其他一些合适的物品代替。

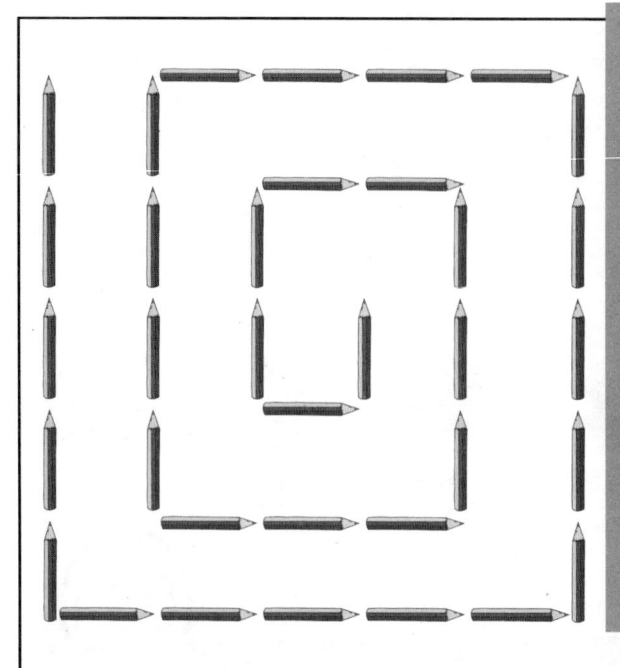

第 10 章 提高记忆力的思维游戏

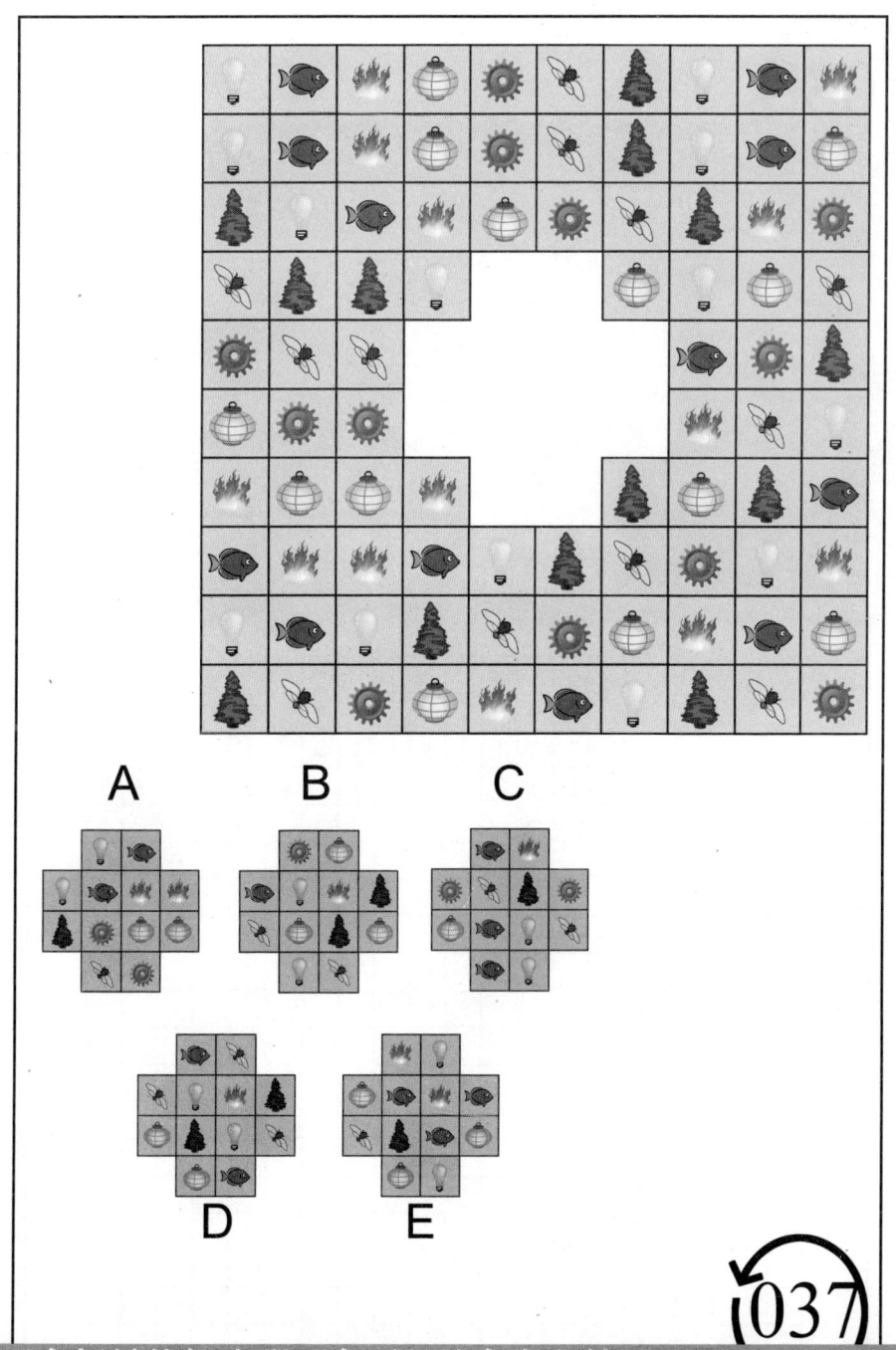

五个标号的部分哪一个可以放在空白处?

(037)

038

在每一行或列的旁边有一些数字，它会告诉你在这一行或列中将有几个黑色的方格。

举一个例子，2、3、5这几个数字就是告诉你，从左到右（或从上到下）将依次出现一组2格的黑色方格，然后有一组3格的，最后还有一组5格的。

虽然在每一组黑色方格的前后可能（或不可能）出现白格，但在同一行（或同一列）内，每一组黑格与其他组之间最少夹有一个白格。你能看出这道题里所隐藏着的东西吗？

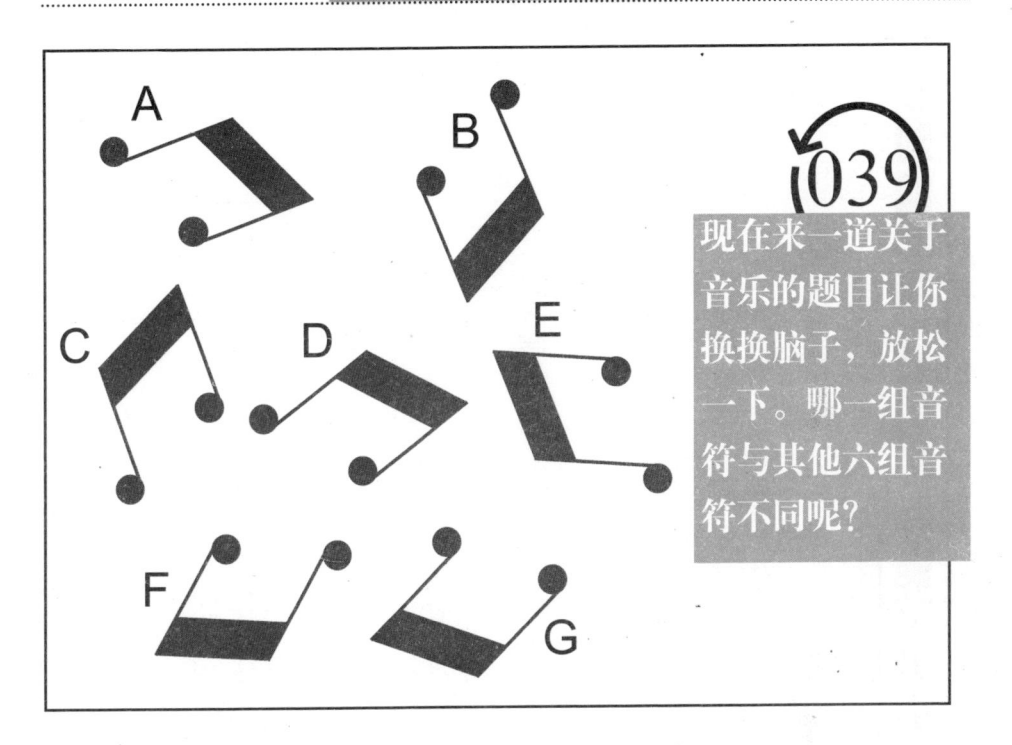

第 10 章 提高记忆力的思维游戏

(039)

现在来一道关于音乐的题目让你换换脑子，放松一下。哪一组音符与其他六组音符不同呢？

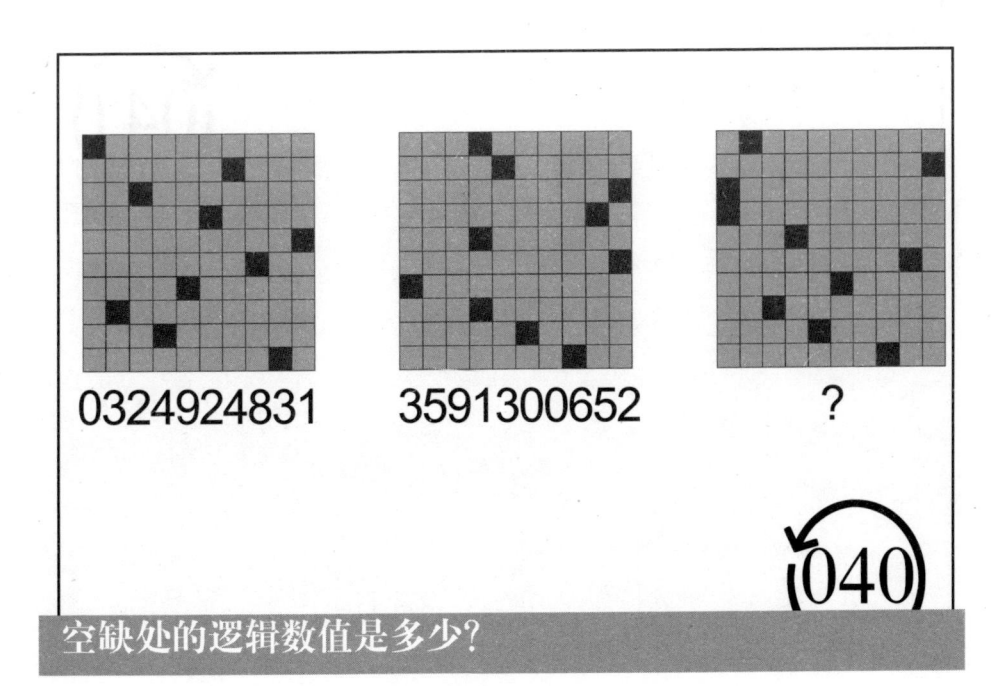

0324924831　　3591300652　　?

(040)

空缺处的逻辑数值是多少？

191

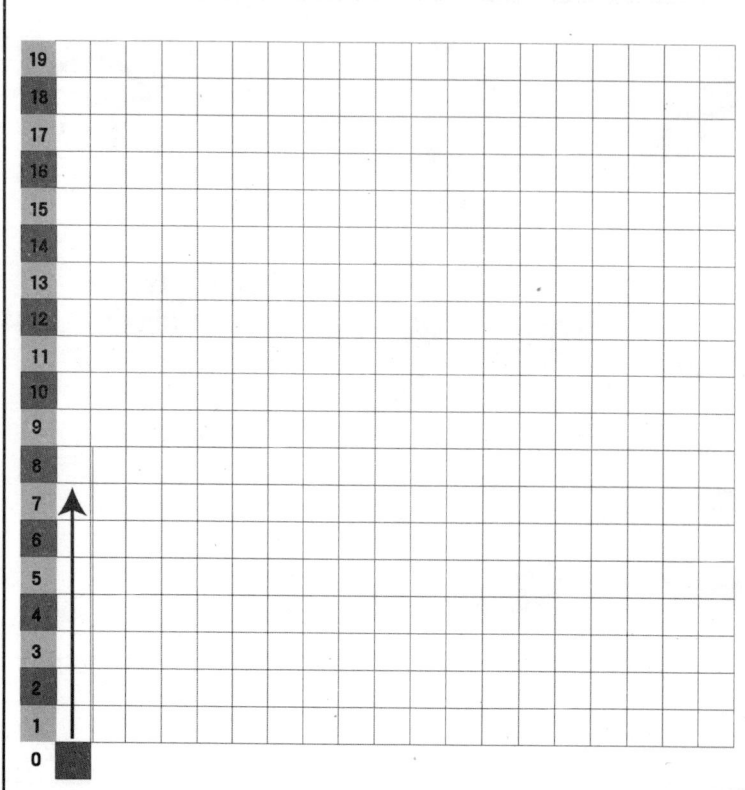

一栋19层的大厦，只安装了一部奇怪的电梯，上面只有"上楼"和"下楼"两个按钮。"上楼"按钮可以把乘梯者带上8个楼层（如果上面不够8个楼层则原地不动），"下楼"的按钮可以把乘梯者带下11个楼层（如果下面不够11个楼层则原地不动）。用这样的电梯能够走遍所有的楼层吗？

从一楼开始，你需要按多少次按钮才能走完所有的楼层呢？你走完这些楼层的顺序又是什么呢？

第 10 章 提高记忆力的思维游戏

042

你能把这个梯形剪成更小的形状相同的四个梯形吗?

043

哪一个等式是错误的?

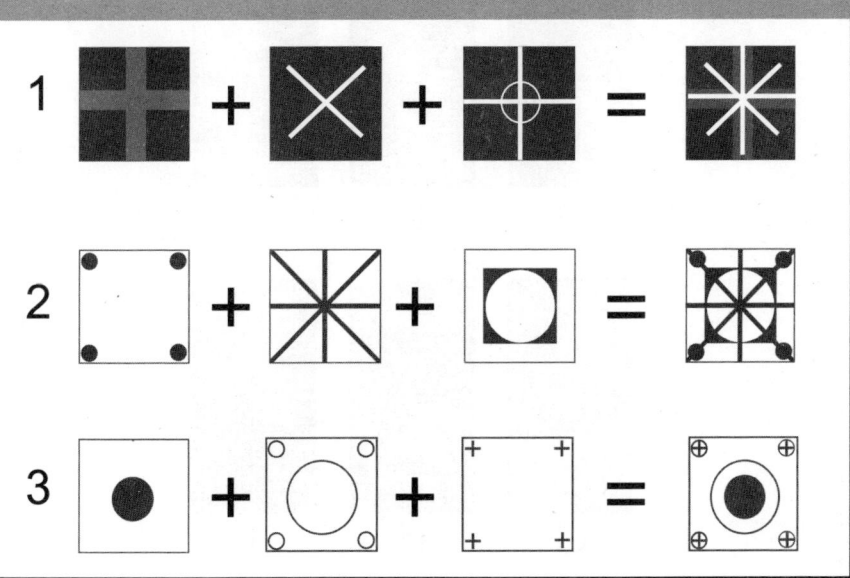

193

044

你能解答这个难题吗？A 和 B 的关系相当于 C 和哪一个图形的关系？

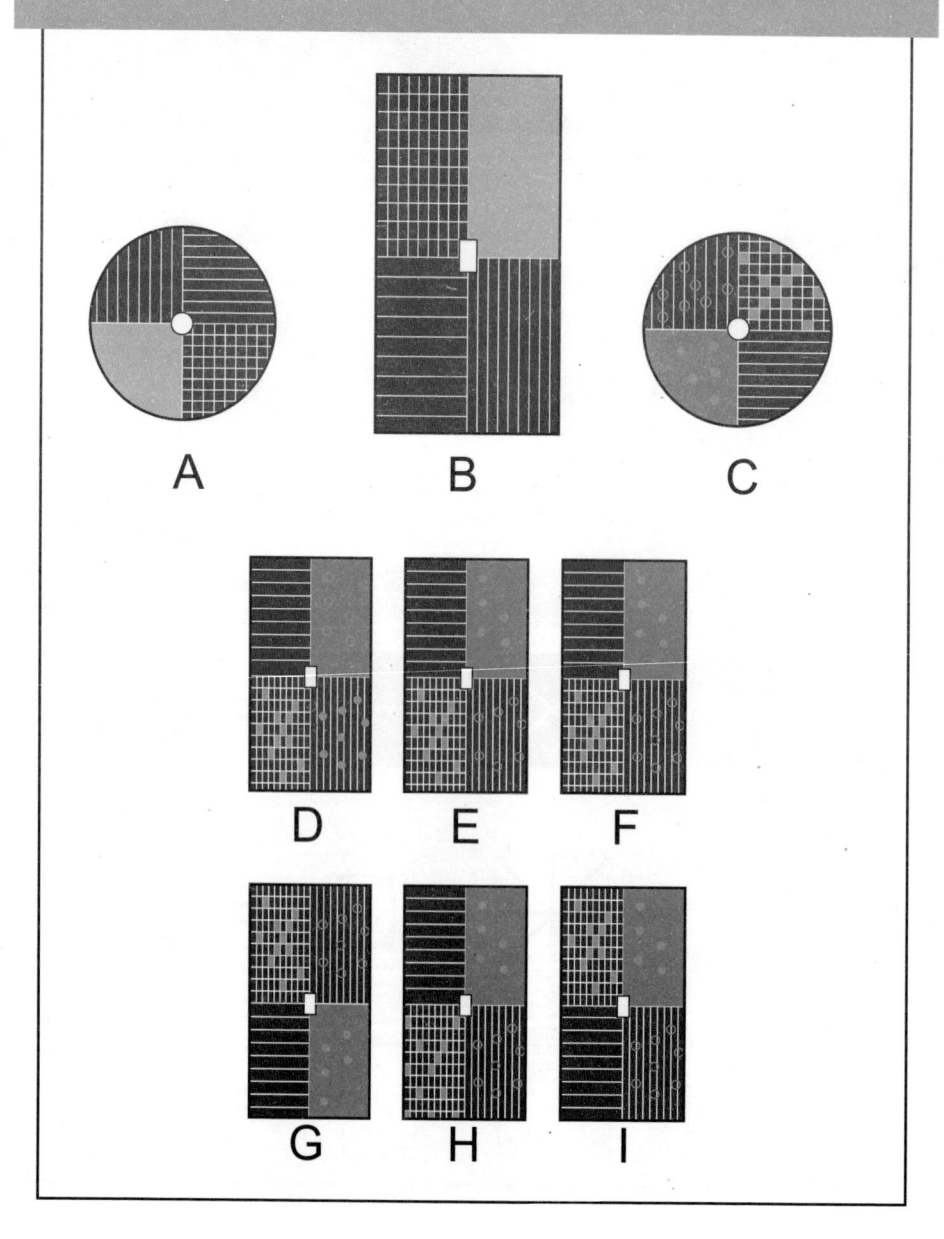

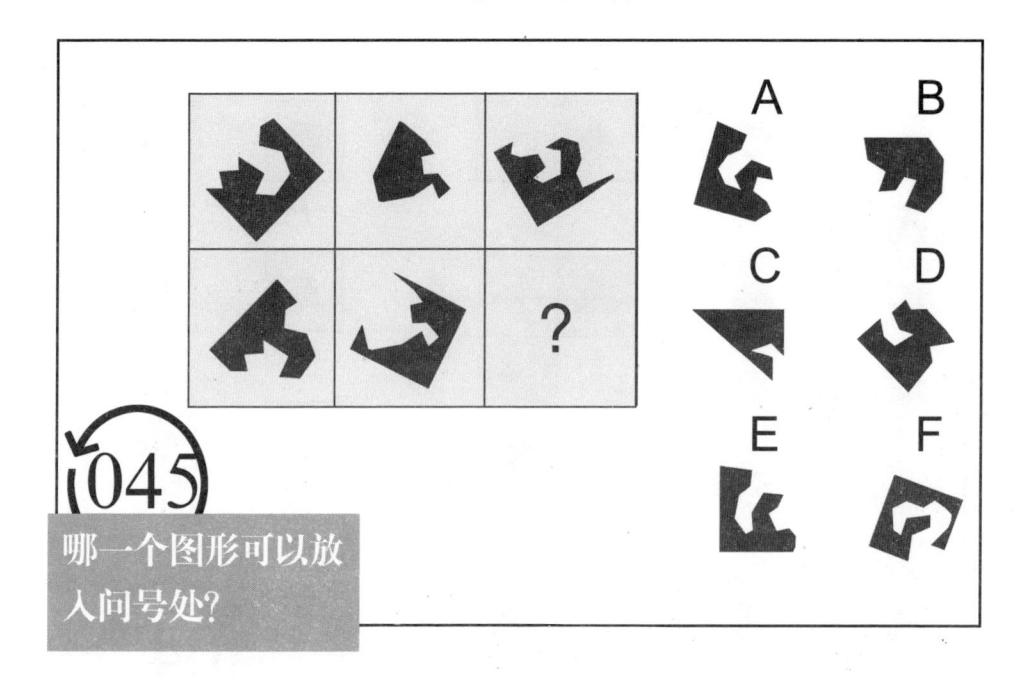

第10章 提高记忆力的思维游戏

(045) 哪一个图形可以放入问号处？

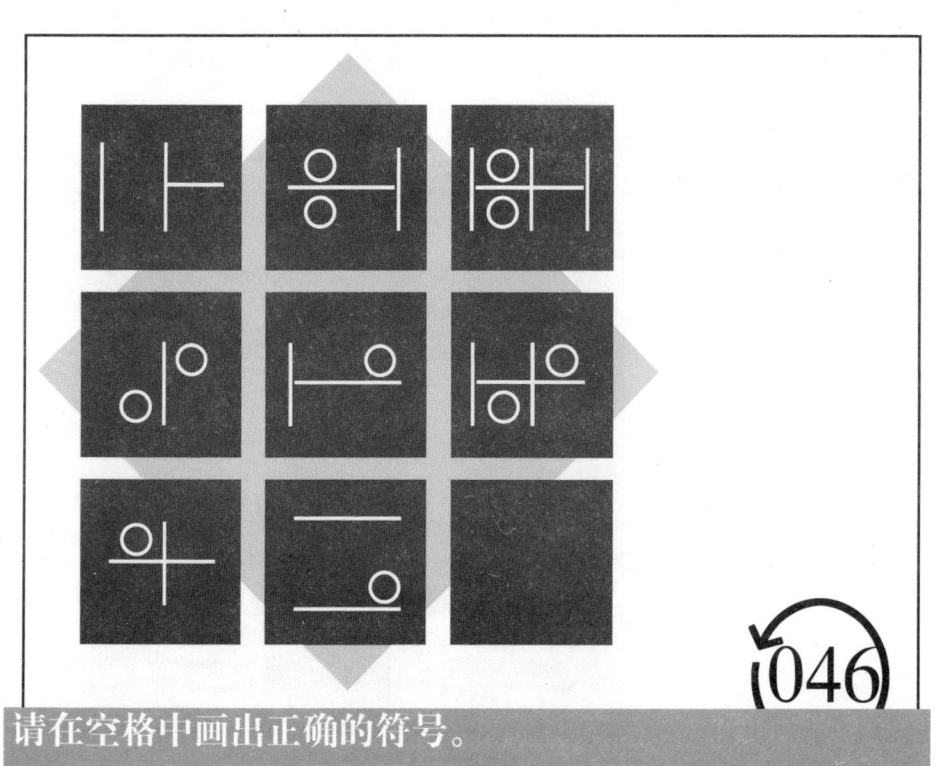

(046) 请在空格中画出正确的符号。

怎样拥有超级记忆力

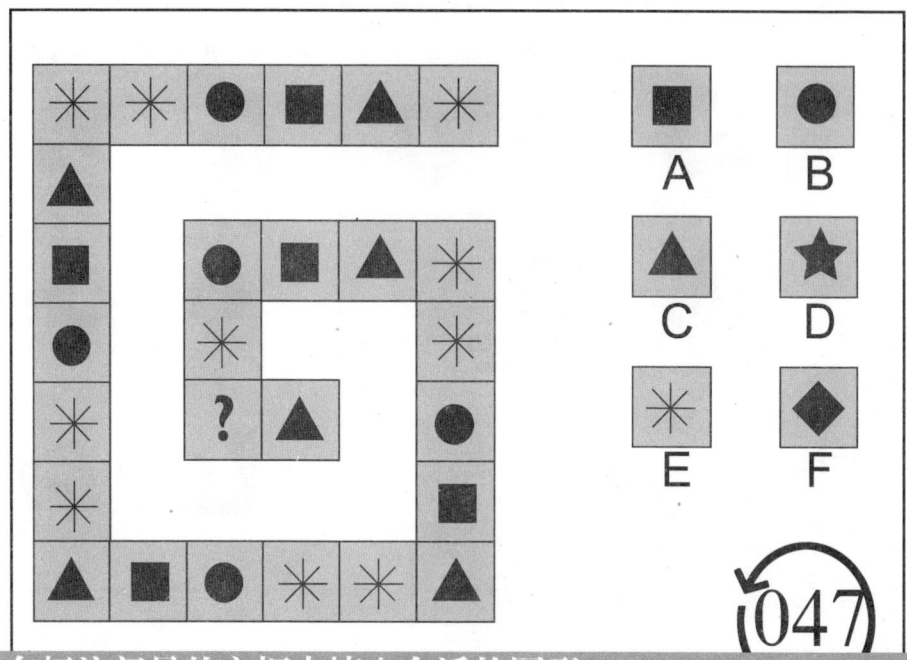

(047)
在标注问号的方框中填入合适的图形。

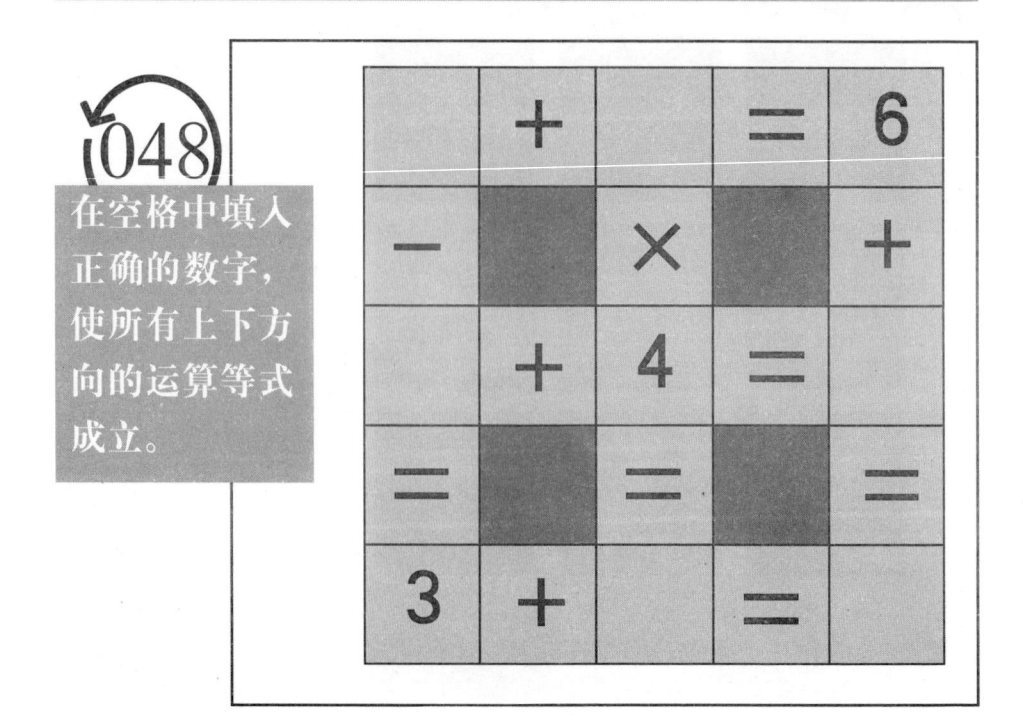

A ■　B ●　C ▲　D ★　E ✳　F ◆

(048)
在空格中填入正确的数字，使所有上下方向的运算等式成立。

第 10 章 提高记忆力的思维游戏

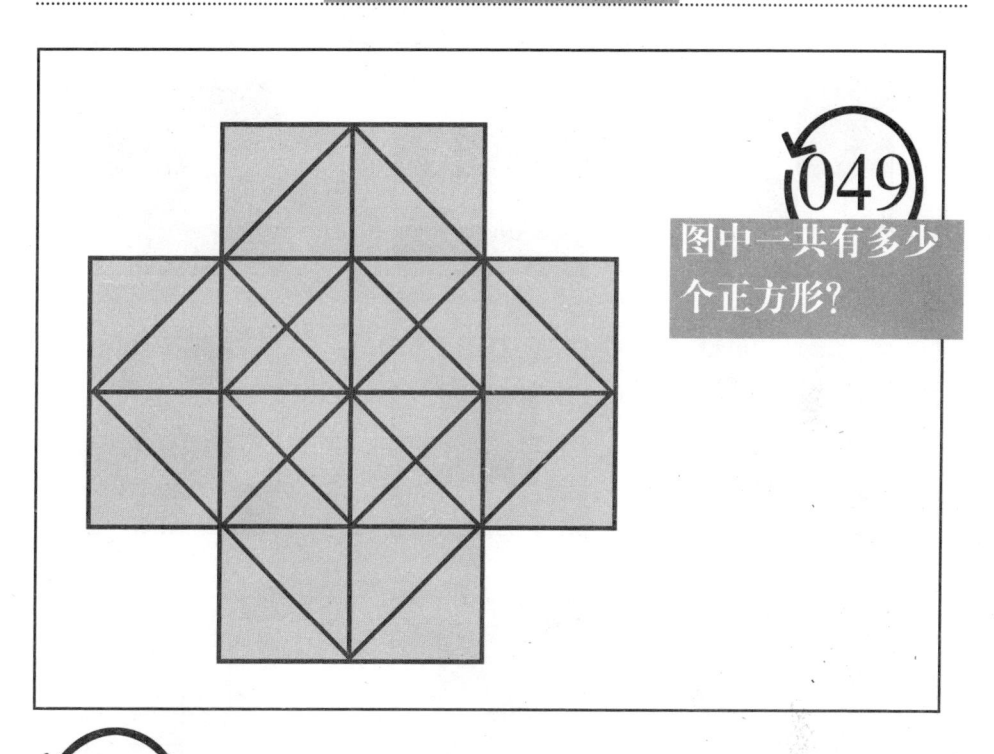

049
图中一共有多少个正方形？

050
根据安装在漂浮物上的这组齿轮，你能推断出洪水警告是否正确吗？

洪水
干旱

怎样拥有超级记忆力

(051)

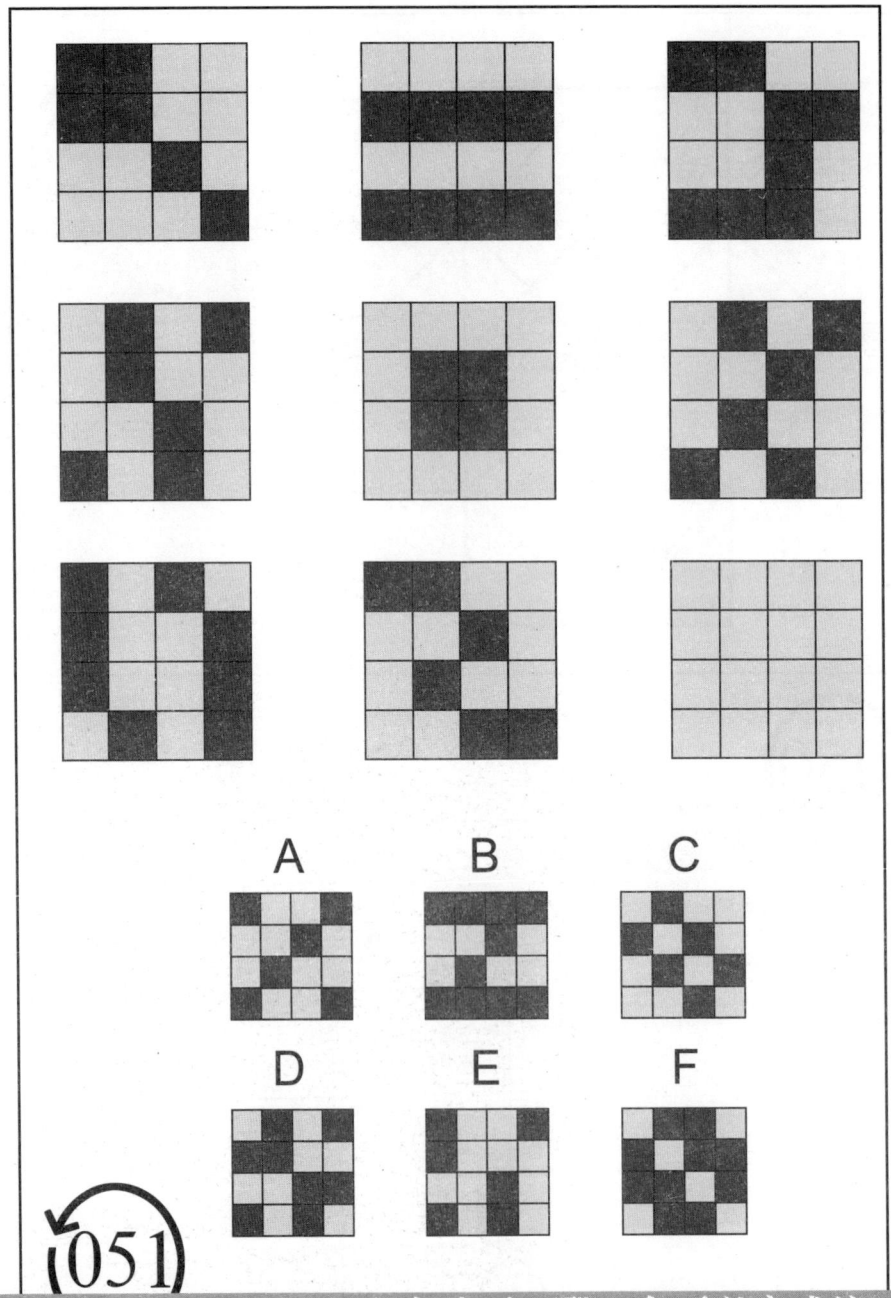

A、B、C、D、E、F六个选项，哪一个可以完成这组序列图？

052

在滑动链接谜题中，你需要从纵向或者横向连接相邻的圆点，形成一个独立的没有交叉或分支的环。每个数字代表围绕它的线段的数量，没有标数字的点可以被任意几条线段围绕。

053

仔细观察一下,问号的地方应该填入哪个图形?

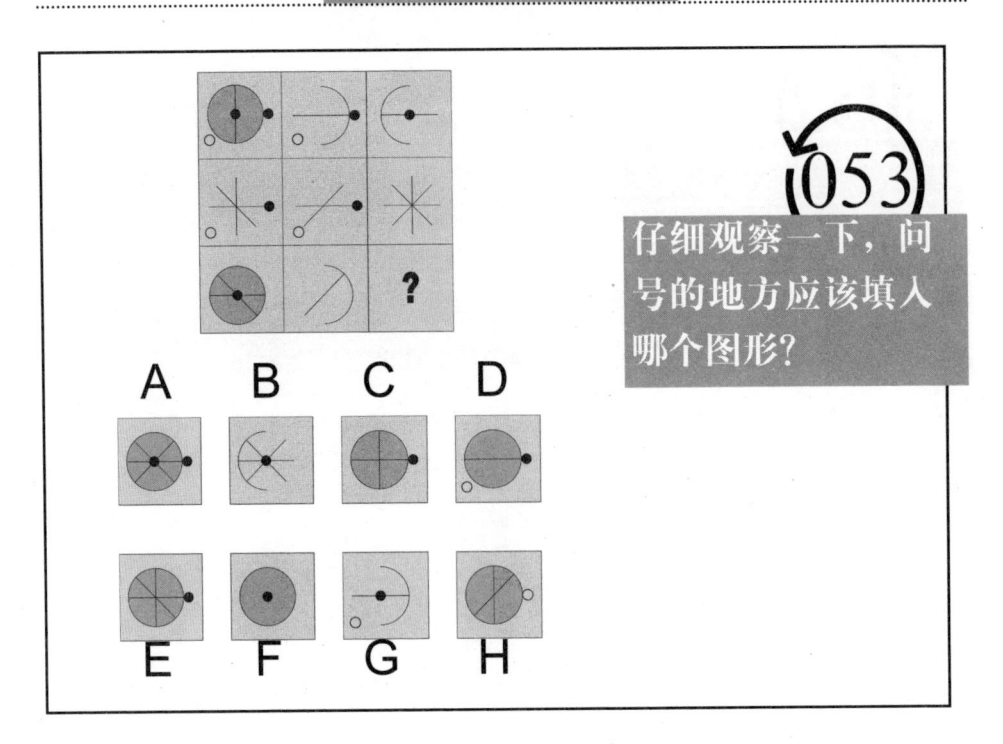

A B C D

E F G H

054

猜一猜,6号的图应该是什么样的?

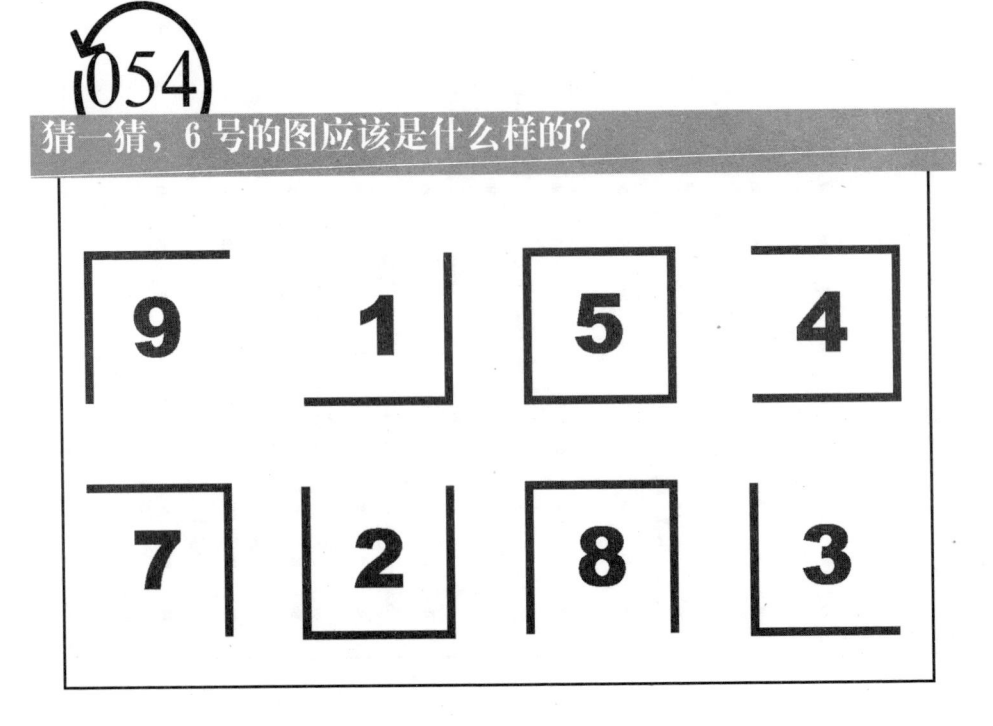

第10章 提高记忆力的思维游戏

055

六个选项哪一个可以完成这道题？

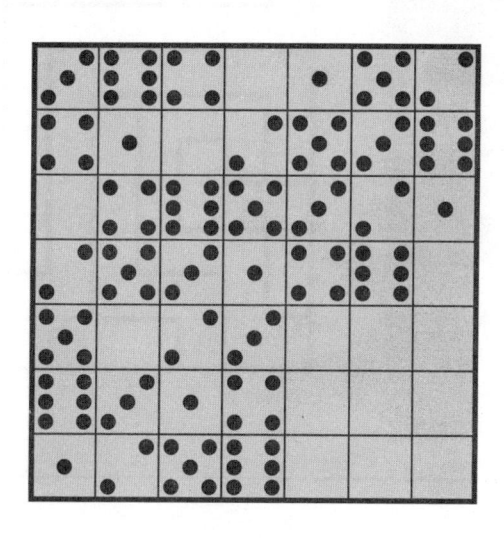

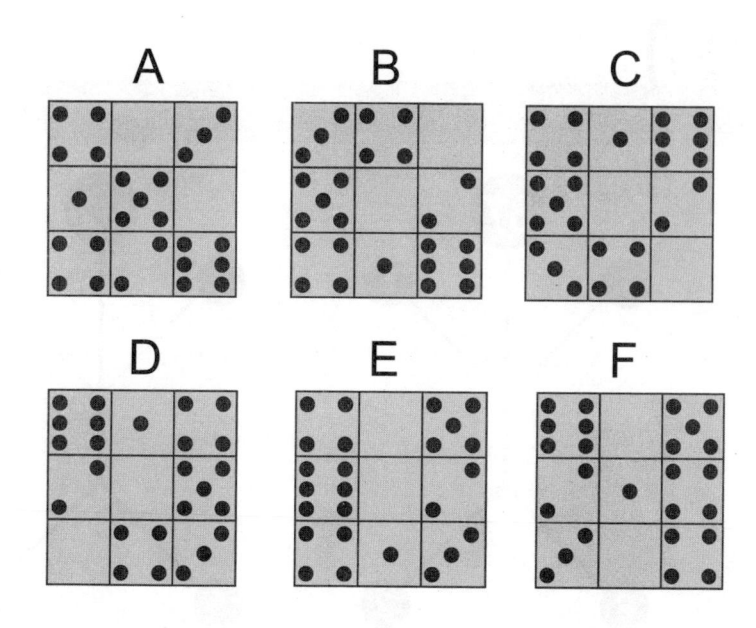

A B C

D E F

056

用三种不同的颜色填涂这个图表，规则是任意两个相邻的区域的颜色不可以相同。

057

完成这道题，需要在最后一个圆中补充上什么数字？

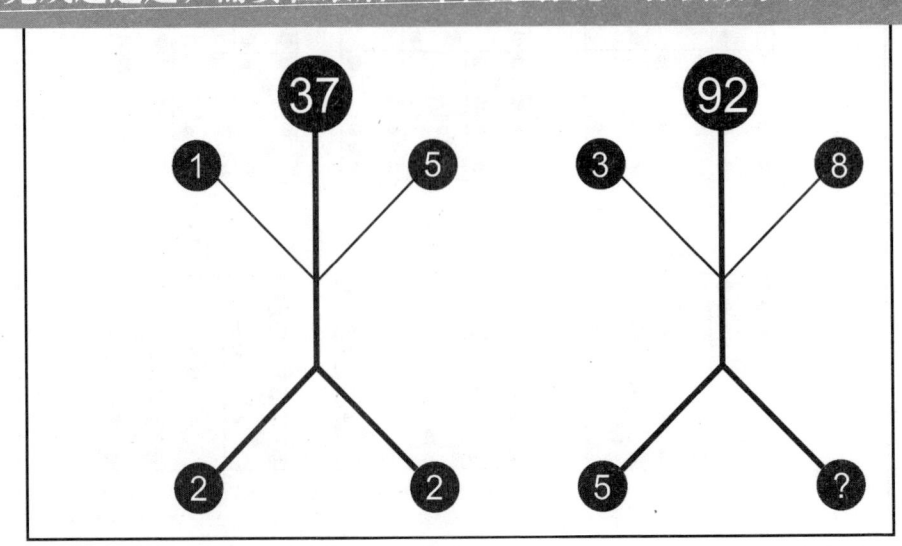

37　　　　92
1　5　　3　8
2　2　　5　?

058

如图所示，多边形缺少了一角。从 A、B、C、D、E 中找出正确的选项把它补充完整。

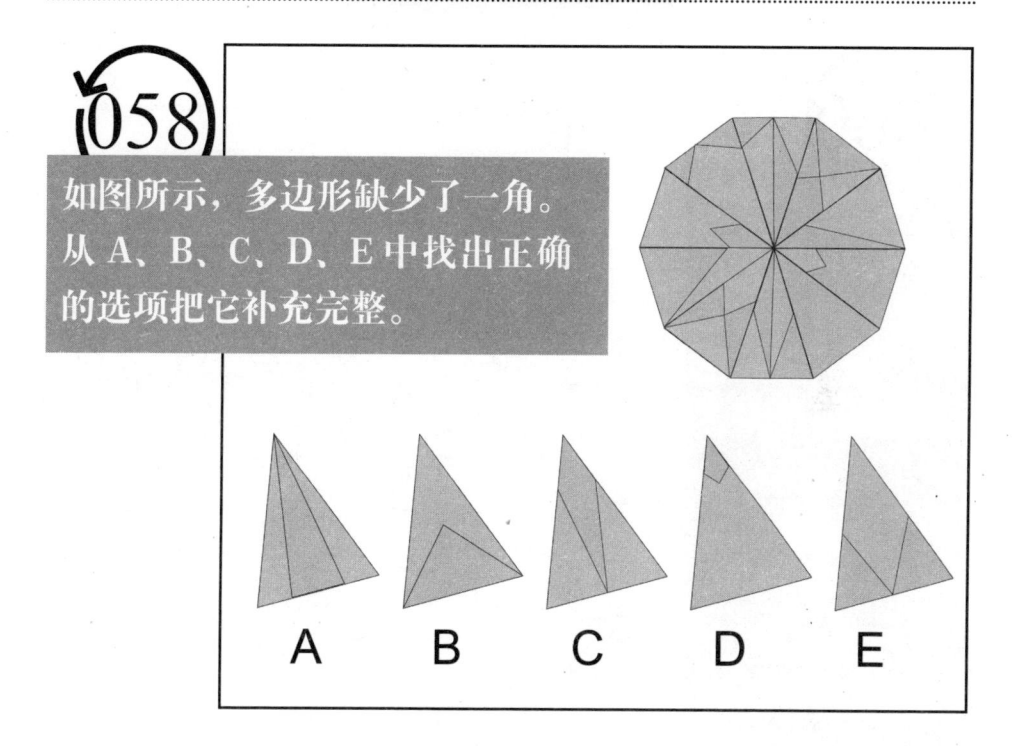

A　　B　　C　　D　　E

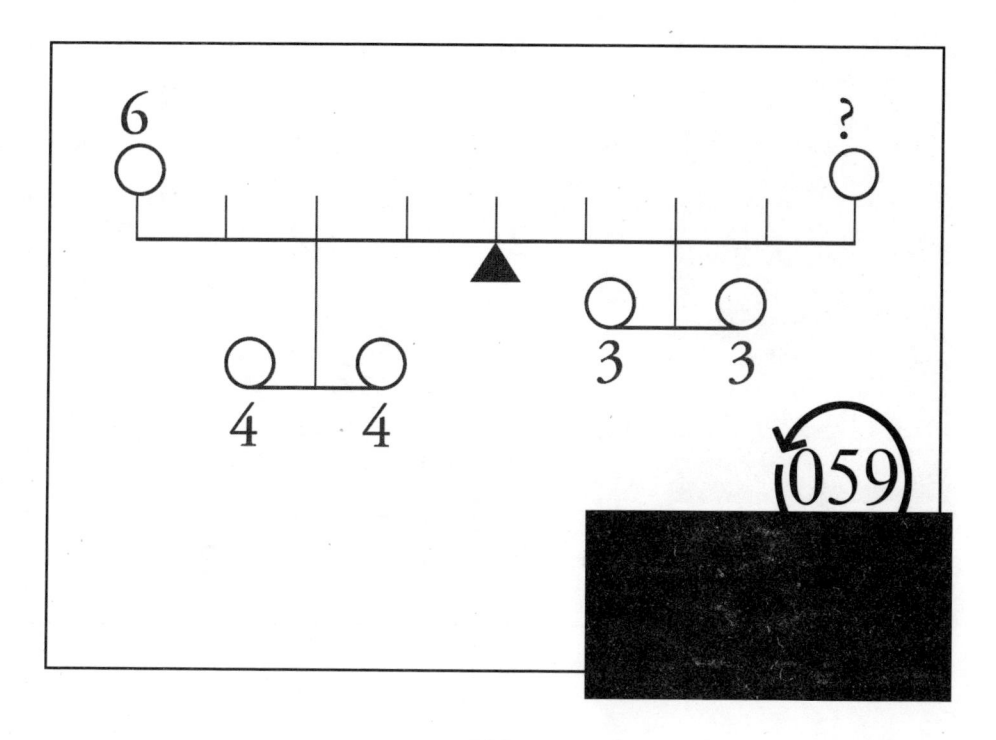

059

060

这是风靡日本的游戏——建造桥梁。在这个游戏中，每个含有数字的圆圈代表一个小岛。你需要用纵向或横向的桥梁连接每个小岛，形成一条连接所有小岛的通道。桥的数量必须和岛内的数字相等。在两座小岛之间，可能会有两座桥梁连接，但这些桥梁不能横穿小岛或者与其他的桥相交。

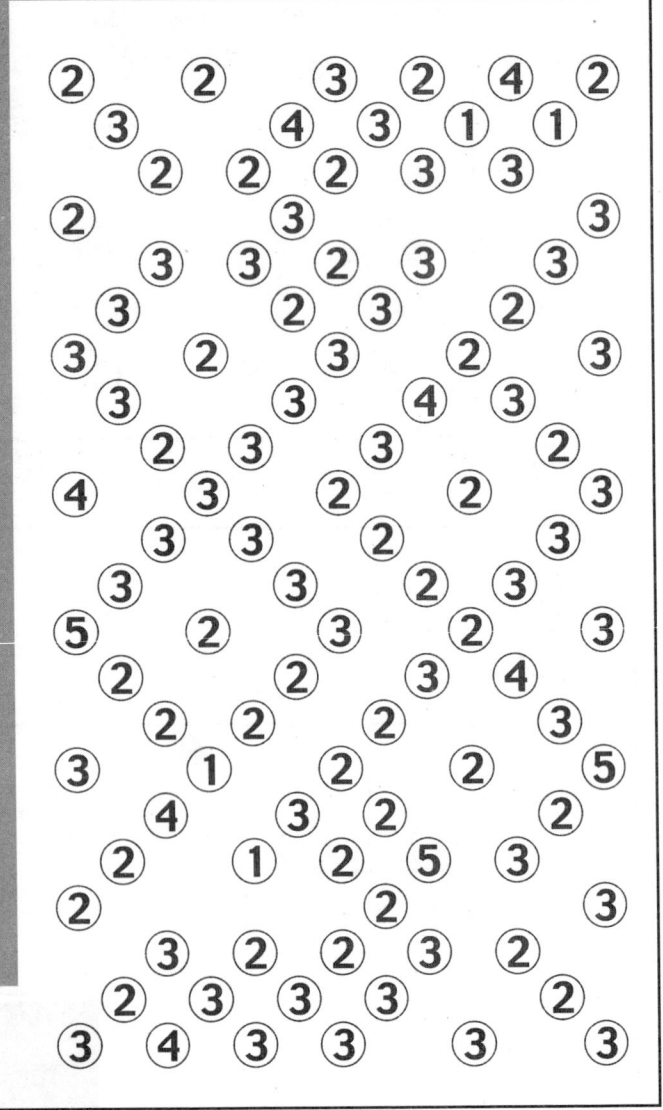

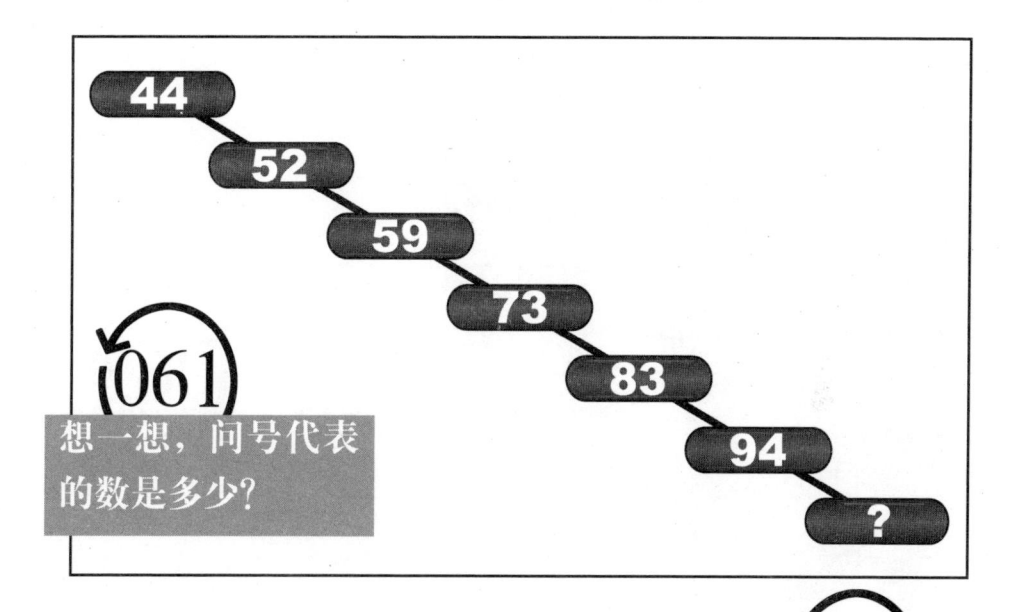

第 10 章 提高记忆力的思维游戏

061 想一想，问号代表的数是多少？

44 52 59 73 83 94 ?

062 B、C、D、E、F 五个立方体中哪一个是由样板 A 构成的？

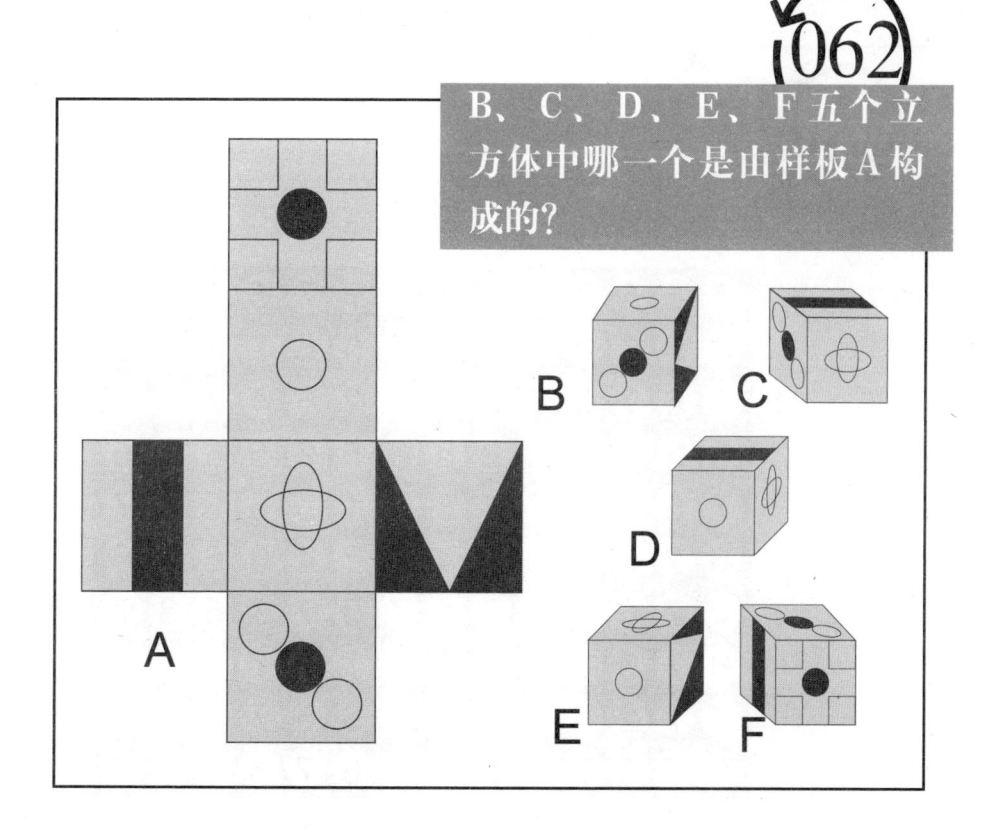

205

怎样拥有超级记忆力

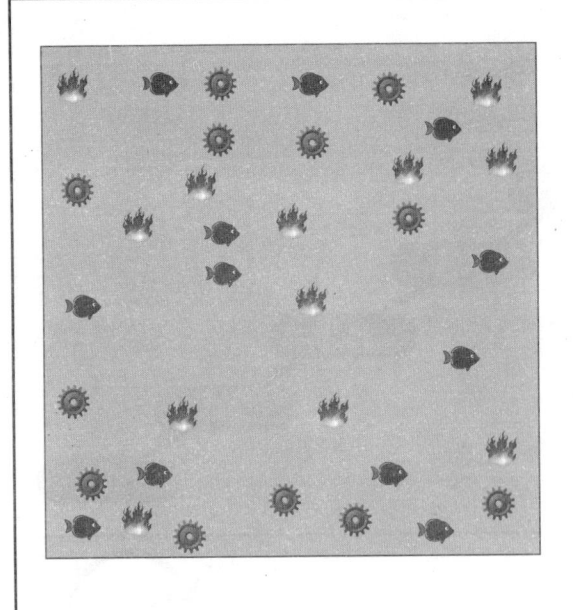

063
画三条直线将这个方框分成六部分，每一部分都包含六个符号——每种符号各两个。

064
哪个数字不见了？

206

第 10 章 提高记忆力的思维游戏

065

下列哪个拼图能和上面五个拼图组成完整的一套？

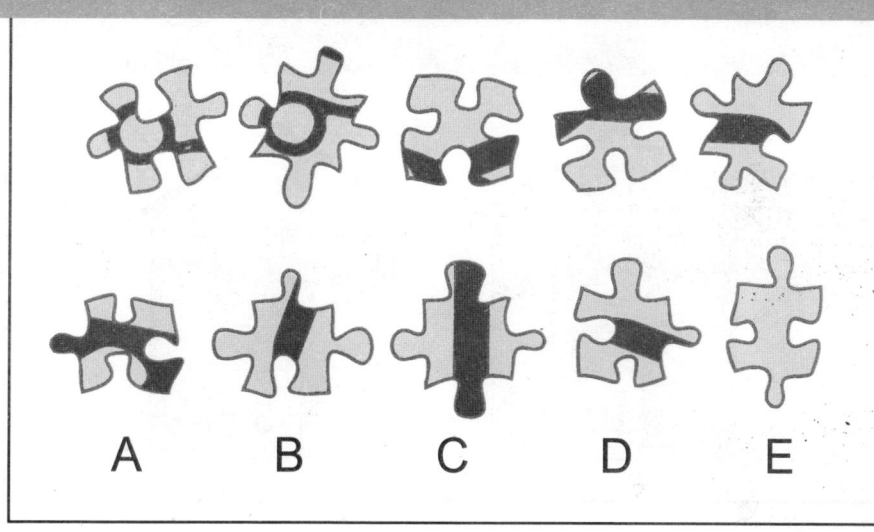

A　B　C　D　E

066

如果有的话，在右边的图形中，哪一个不需要横穿或者重复其他线条，一笔就能在纸上画出来。

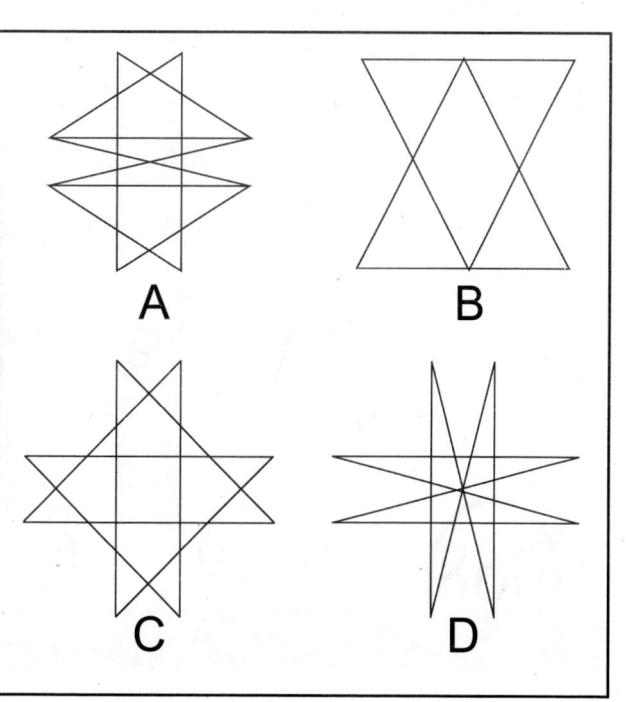

A　B　C　D

067

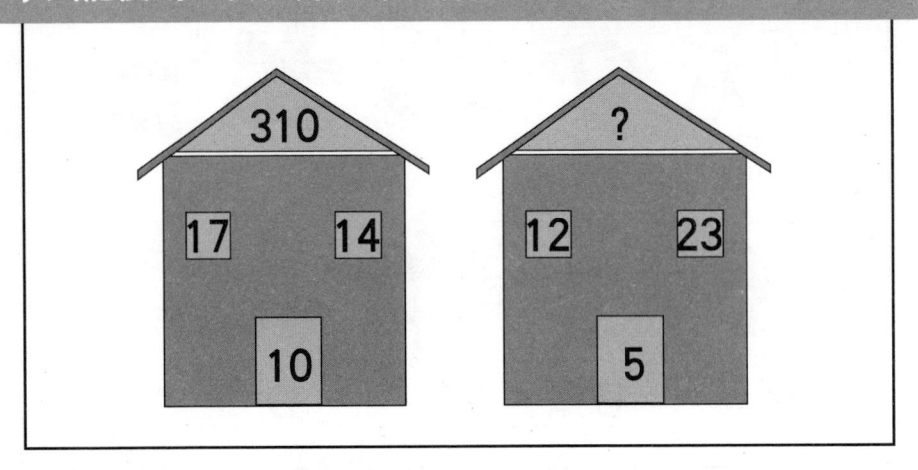

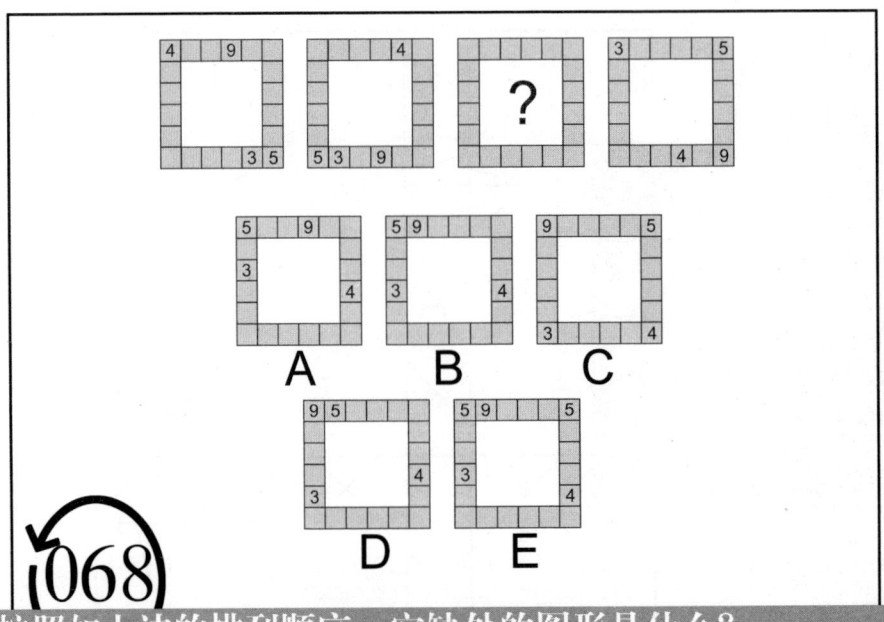

你能找出房顶处所缺的数值为多少吗？门窗上的那些数字只能使用一次，并且不能颠倒。

[左房子：房顶 310，窗 17、14，门 10]
[右房子：房顶 ?，窗 12、23，门 5]

068

按照如上边的排列顺序，空缺处的图形是什么？

A　B　C
D　E

第 10 章 提高记忆力的思维游戏

069

从左上方的数字 7 出发，穿过迷宫并得出一个算式，使算式最后的得数仍然是 7。不可以连续经过同一排的两个数字或运算符号，也不可以两次经过同一条路线。

高级

070 如果剪掉正方形角上1/4的部分，你能在剩下的部分剪出四个大小形状完全相同的图形吗？

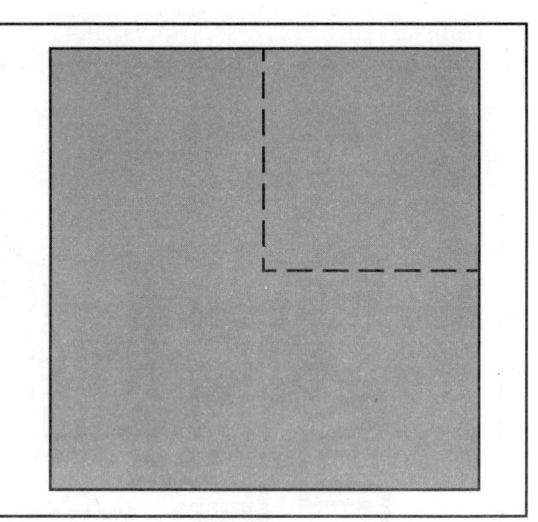

071 A、B、C、D、E、F 六个选项中哪一个是不正确的？

A	2943	=	9
B	2376	=	9
C	7381	=	6
D	4911	=	6
E	7194	=	3
F	5601	=	3

072

谜题大师约翰.P.库比克为了对自己的能力加以证明,他向人们展示了一张正方形的纸板,在纸板上偏离中心的位置上有一个洞。"通过将这张纸板剪成两半,而且只有两半,并且将这两部分重新排列,我就能把这个洞移到正方形中心的位置上。"你能想出他是怎么做的吗?

怎样拥有超级记忆力

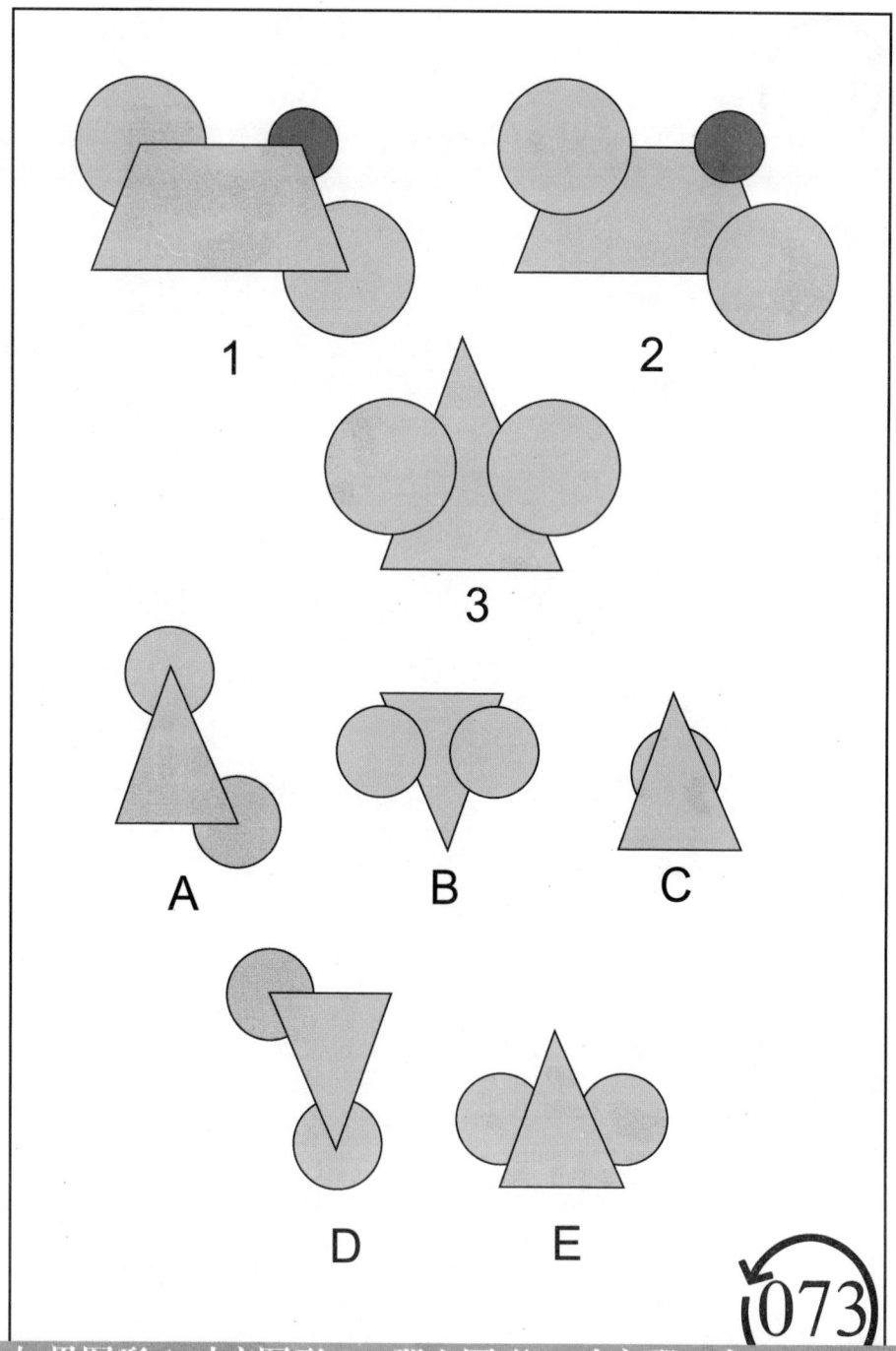

如果图形1对应图形2，那么图形3对应哪一个？

(073)

074

下列方框中标注问号的地方应该填上几个白色小圆?

★ ÷ n = 0

2(★ × 2n) = ooooo oooo (9个圆)

2(★★ − 2n) = ooo

★ + 6n = ?

075

用这六根火柴你能做出三个大小相等的正方形吗?

076

六个选项中哪一块应该放在空白手表处？

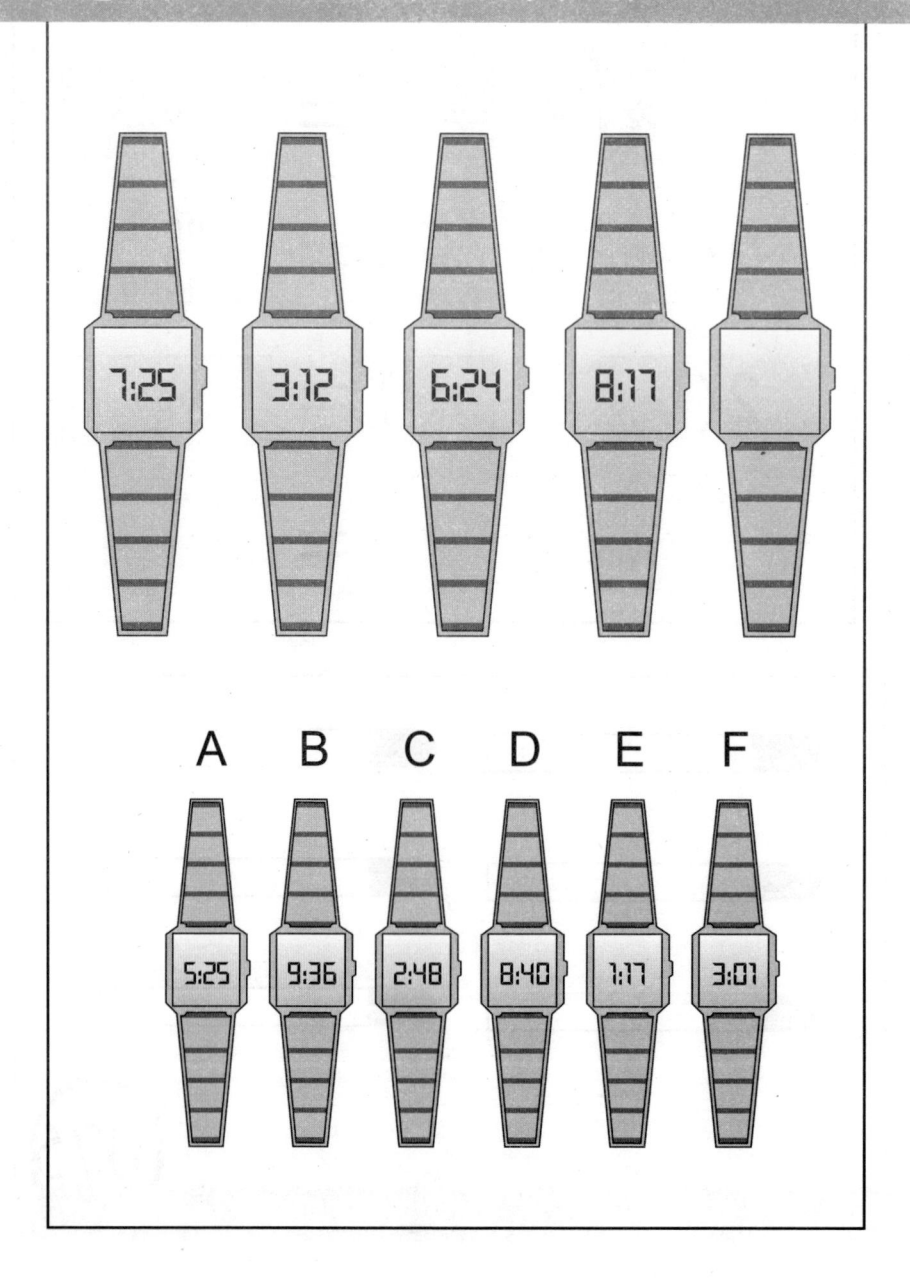

7:25　3:12　6:24　8:17

A　B　C　D　E　F

5:25　9:36　2:48　8:40　1:17　3:01

第 10 章 提高记忆力的思维游戏

077

哪一项与其他四项都不同？

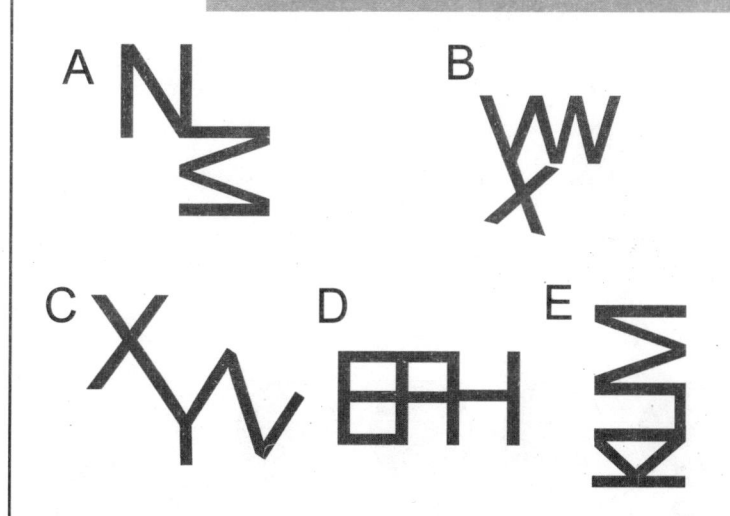

A N M

B W X

C X Y V

D 田 H

E K L M

078

用三条直线将这个正方形分成 5 部分，使得每部分所包含的总值都等于 60。

```
1 9 3     1     4 9 3
 7 9 8 7 0   3   3 5 9
    7  3  0 1 0 7  
  8 0 5  1 1 0 6 6 0 2
     5  4  1 0 2 2 0 9
  2 0  9 7 7 2 2 3 0
    8  3  8 2 7 1 7
      3  4 9  1 1
      2 1  4 3 6  3
       0   2  5 2 9
      8 1 7        0
        5 4  4     2
```

215

空白钟表显示的应该是什么时间?

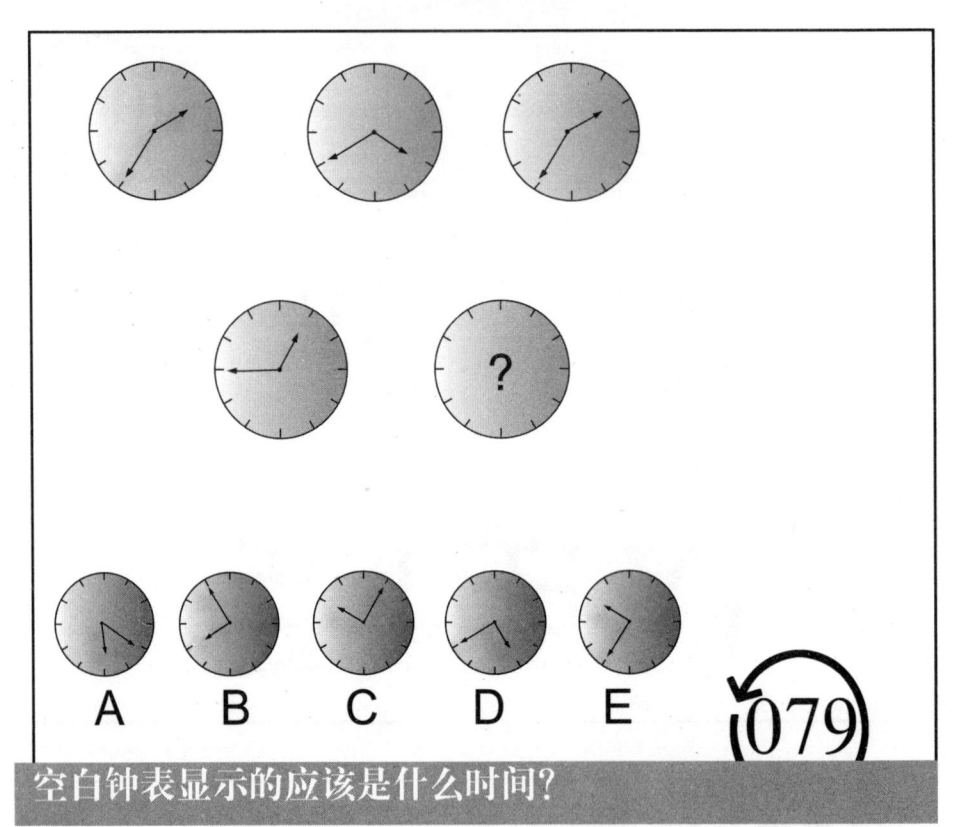

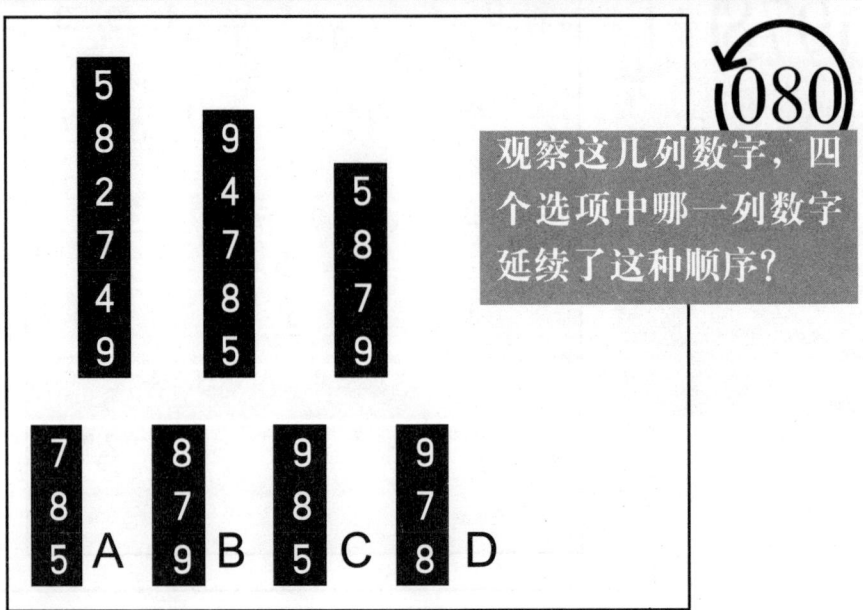

观察这几列数字,四个选项中哪一列数字延续了这种顺序?

第 10 章 提高记忆力的思维游戏

从中央的数字"4"开始,按你喜欢的方向走4步——横走、竖走或对角走。到达一个标有数字的方框后,再次按照你喜欢的方向,根据方框内数字所指示的步数走。通过这种方式,你可以找到走出迷宫的路。但是,最后一次移动时,你只能走一步离开迷宫。你的任务就是找到只移动三次就可以走出迷宫的捷径。

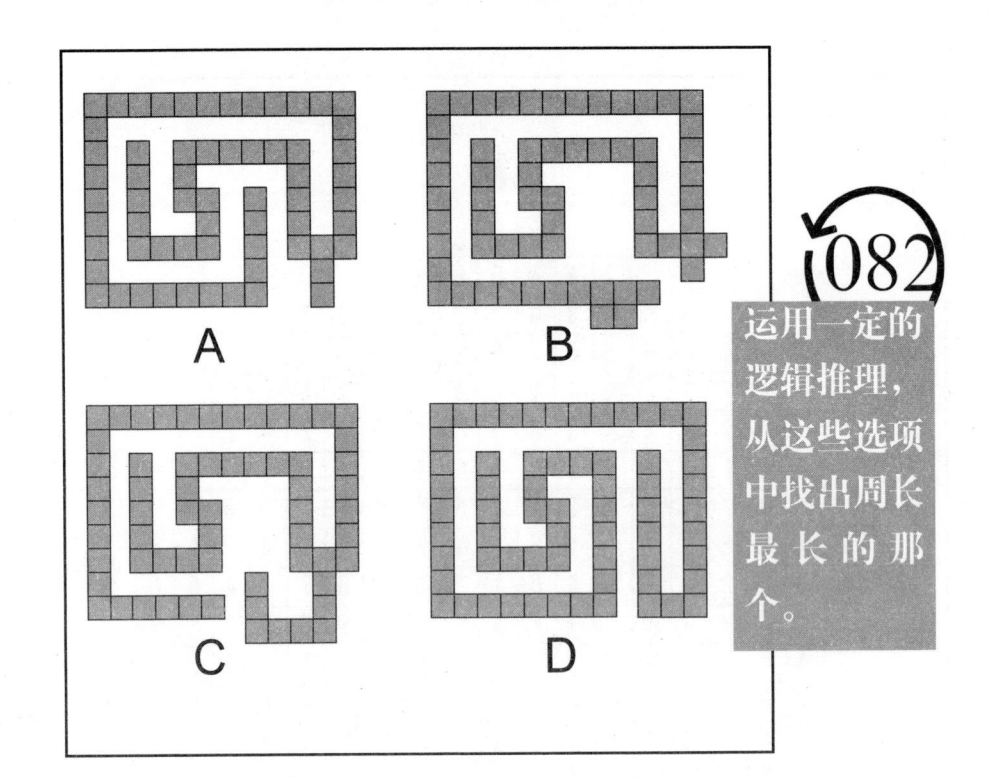

怎样拥有超级记忆力

A B C D

(082) 运用一定的逻辑推理，从这些选项中找出周长最长的那个。

(083) 找一找，哪个图形不同于其他？

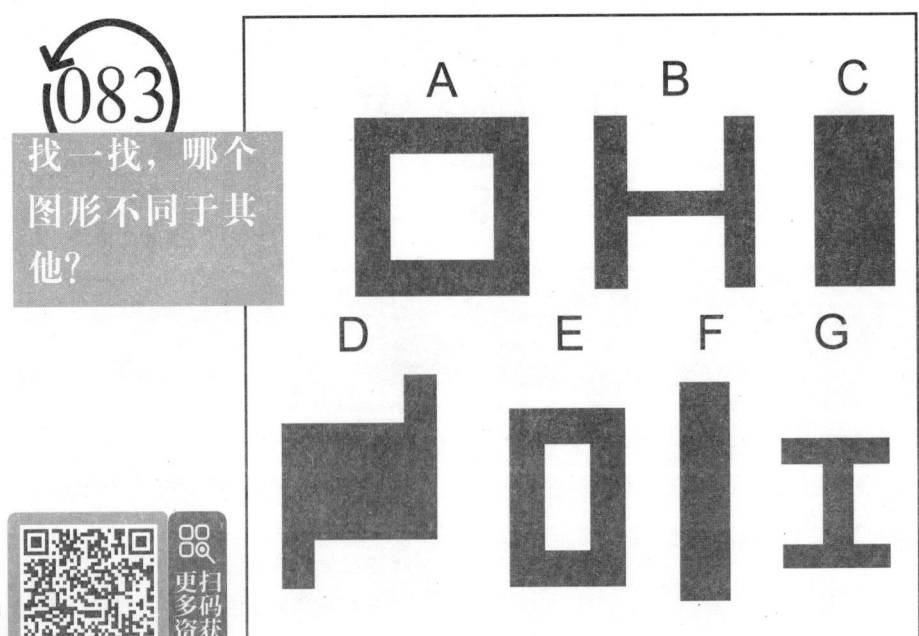

A B C
D E F G

扫码获取更多资源

218

答案

001.

5	1	9	9		1	2	6		2	8	0	1
3			9	3	2		4	2	1			1
6	2	8	9		7	3	8		1	3	6	6
2		2	8	0	3		4	1	9	0		3
9		2			5		3			0		5
3	4	8	5						4	2	2	7
	9		9	1	2	4	9	1	4		0	
1	2	3	3	4		1		5	3	8	0	4
	6		6		1	4	9		6		9	
5	6	1	8	2		3		1	2	3	0	4
	0		0	6	9	3	8	7	8		0	
9		5		1		8		1		6		5
8	6	4		1	2	3	4	5		1	1	8
1		2	3	4	5		2	1	3	3		6
9	7	8	3						9	2	2	7
2		2			2		1			1		1
1		9	1	3	4		5	6	6	0		3
6	3	2	1		9	8	7		3	4	8	2
0			7	6	9		8	2	3			2
3	4	5	8		1	9	7		4	6	5	6

002.

D，每一块瓷砖都是将前一块瓷砖旋转 1/4 周而得来的。

003.

13 个正方形。

004.

3

005.

题 1：23 个方块。最下面的一层里一块也不缺，第二层中缺少 6 块，第三层中缺少 8 块，最上面一层缺少 9 块。

题 2：17 个方块。最底下的一层中隐藏了 8 块，第二层中隐藏了 6 块，第三层中隐藏了 3 块，最上面的一层里一块也没有隐藏起来。

006.

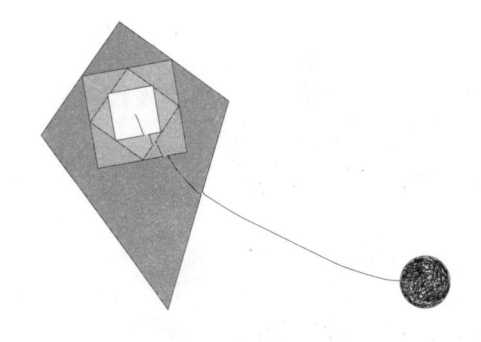

007.

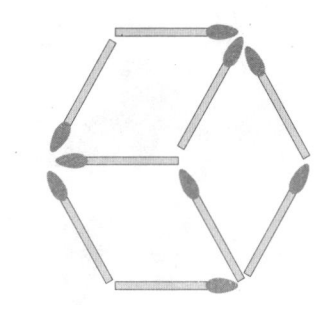

008.

D，下图就是你打开折叠的纸张之后所看到的情形。

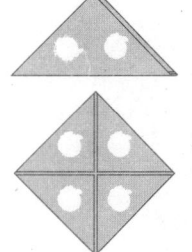

009.
D，每个正方形里的图形是由它下面的两个正方形里的图形叠加而成的。而当这两个正方形里有相同的符号或线段时，这一符号或线段将被去掉。

010.
H，仔细看一看，你会发现中间的这段线条长度比其他的短。

011.

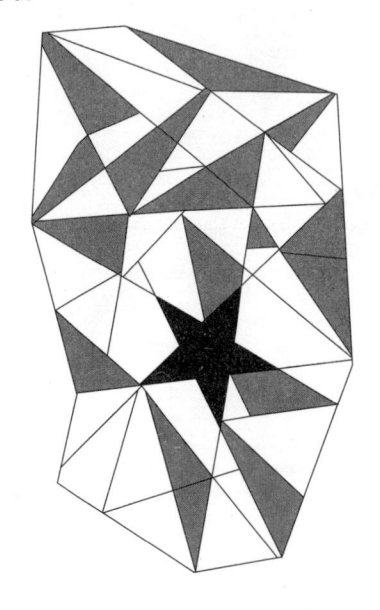

012.
A 和 C

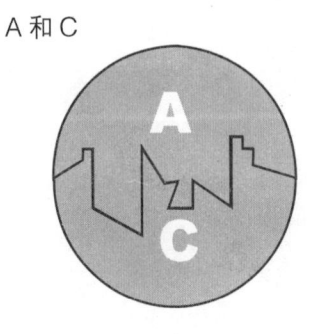

013.
C

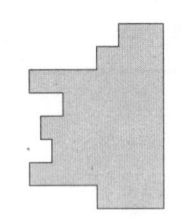

014.
A

015.
F

016.
E

017.
1c

018.
C，从左上角开始并按照顺时针方向、以螺旋形向中心移动。七个不同的符号每次按照相同的顺序重复。

019.
F，在每个图形中，蓝色的圆组合在一起，形成直边的多边形。从左向右，再从上面一行到下面一行，每个多边形的边数从3条到8条，分别增加1条。

020.
B

021.

5个小正方形

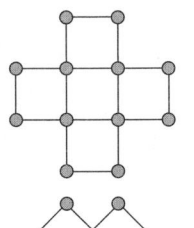

4个中等的正方形

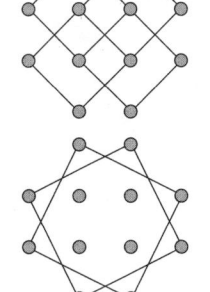

2个大正方形

11个正方形。

022.

C，3号六边形是1号和2号六边形合并而成的。5号六边形是4号和1号六边形合并而成的。这样，六边形从垂直方向由下向上构建而成。如果按照这个趋势继续下去，那么顶部六边形就该由3号、5号、6号和7号六边形合并而成：两条直线向上汇聚，合并成为顶部的六边形。

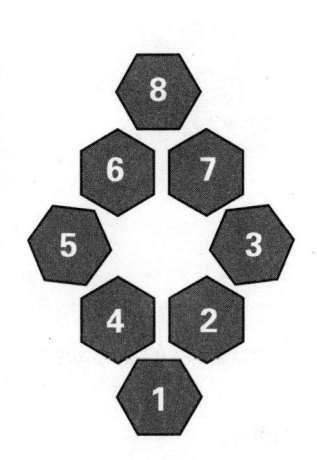

023.

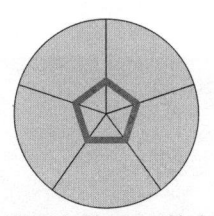

024.

A，前五个符号是数字1-5颠倒后的映像。符号A是6颠倒后的映像。

025.

1.B，其他四项图形相同，只是图形经过旋转后，所处的位置不同。

2.D，其他四项图形相同，只是图形经过旋转后，所处的位置不同。

026.

A，按行计算，如果你把左右两边的图形添加在一起，就得到中间的图形。

027.

E，每行每列长方形都包含六个蓝点和五个白点。

028.

25个小球

029.

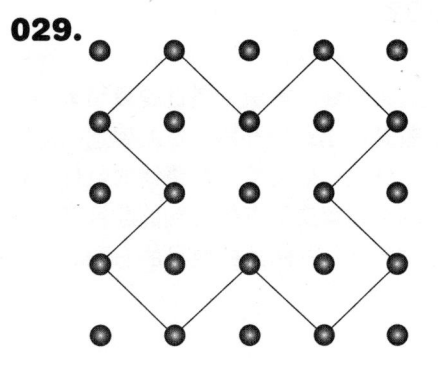

030.

C，数字排列的规则是：每行第一个和第二个数字之积构成该行最后两个数字。第三个和第四个数字之积构成该行第六个和第七个数字；第六个和第七个数字构成的两位数与第八个和第九个数字构成的两位数的差等于该行第五个数字。

031.

8-10-7-3-2-11-5-4-13-1-6-9-12

032.

18条路线。不过你无须一一描绘出每条路线。解决这道谜题最简单的方法就是在起点处开始，然后确定出能够带你到达一处交叉点的路线的数目。到达每个连续交叉点的路线的数目等于与之"相连"的路线的数目的总和。

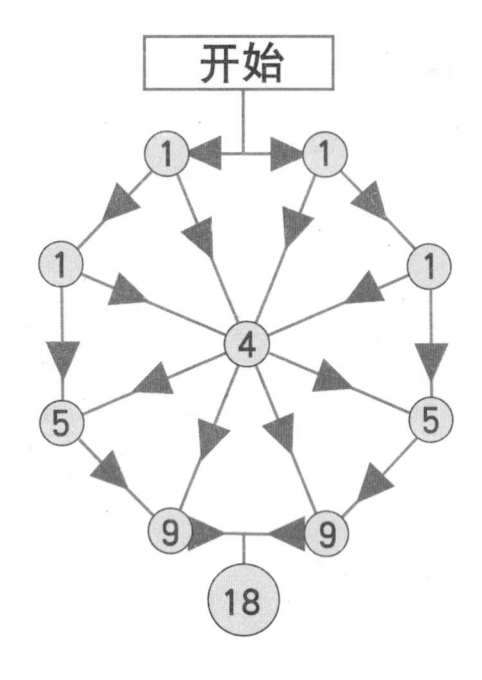

033.

034.

B，只要把在周围四个圈中同一个位置出现3次的点移动到中间的圈里即可。

035.

E，从左上角开始并按照逆时针方向以螺旋形向中心移动。白色圆圈在两个相对应的尖角之间交替，同时，蓝色圆圈按逆时针方向每次移动一步。

036.

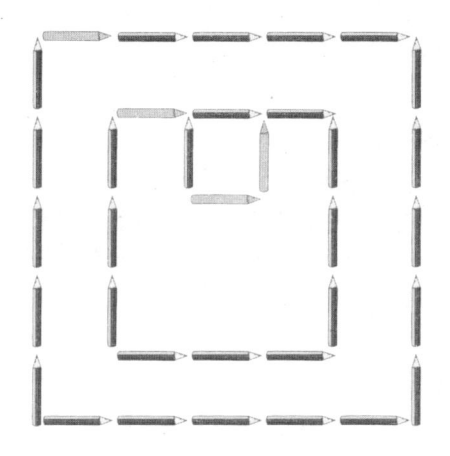

037.

C，从左上角开始并按照顺时针方向，以螺旋形向中心移动。七个不同的符号每次按照相同的顺序重复。

038.

图中显示的是一台电视机。

039.

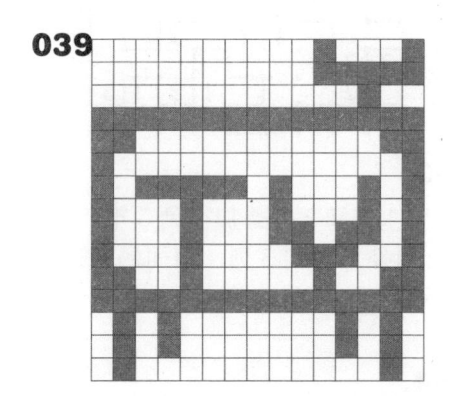

选项 G 是其他音符的映像，其他所有的音符都可以通过旋转另外的音符而得到。

040.

空缺处的数列是 1009315742，表格第一行深蓝色方格前面的浅蓝色方格是对应数列的第一个数，第二行深蓝色方格后面的浅蓝色方格个数是数列的第二个数；第三行要计算深蓝色方格前面浅蓝色方格的数量；第四行则要计算深蓝色方格后面浅蓝色方格的数量，往后依此类推。

041.

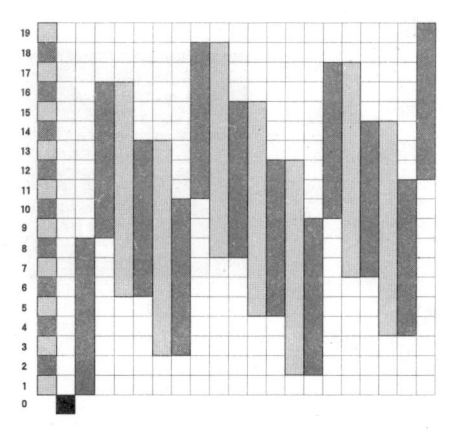

可以走遍所有的楼层。最少的步骤是 19 步，顺序如下：
0－8－16－5－13－2－10－18－7－15－4－12－1－9－17－6－14－3－11－19
（12"上"，7"下"）

042.

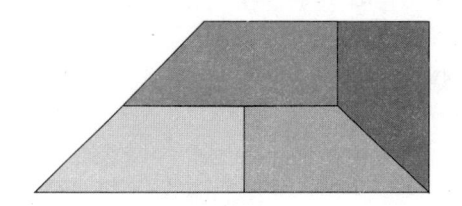

043.
　1,将每个方框中的每个特征相加生成第四个方框中的特征。

044.
　F

045.
　A,下面每个方框中的图形与其上面的图形加在一起可以形成一个正方形。

046.
　从左向右横向进行,把前两个图形叠加在一起,就可以得到右边的图形。

047.
　E

048.

4	+	2	=	6
−		×		+
1	+	4	=	5
=		=		=
3	+	8	=	11

049.
　27个。

050.
　不正确,随着水平面上升,指示标指向"干旱"。

051.
　F,横向进行,把左边和中间的图形相加,可以组成右边的图形。如果蓝色的正方形出现重合现象,就在第三个图中把它变成白色的。

052.

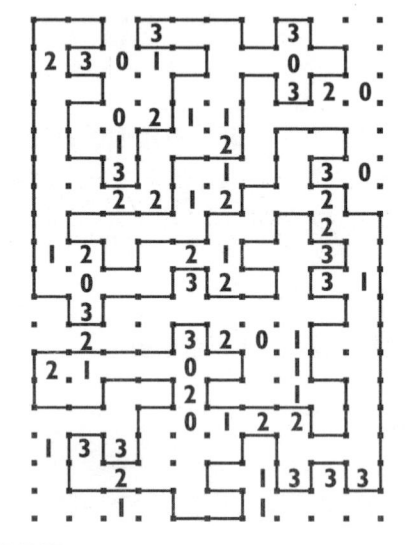

053.
　B,1排和2排叠加得到3排,1列和2列叠加得到3列,相同的图形叠加不显示。

054.
　6

055.
D，每个多米诺骨牌数字（包括空白）在每行、每列中出现一次。

056.
这是其中一种可能的解决办法。

057.
4，在每个图中，把小人两只手上的数字和脚上的数字都看成是两位数，两数相加，就得到头部的数字。

058.
E，多边形中对角的三角形图案相同，颜色相反。

059.
7千克

左边	右边
6千克 ×4 = 24	7千克 ×4 = 28
8千克 ×2 = 16	6千克 ×2 = 12
40	40

060.

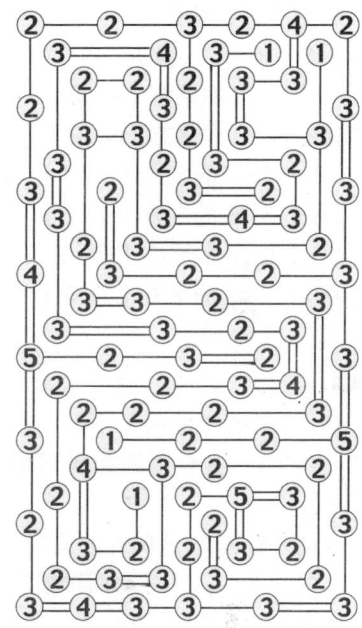

061.
107，与两位数字之和相加，即等于第二个数，如 44 + 8 = 52，52 + 7 = 59 等等。

062.
F

063.

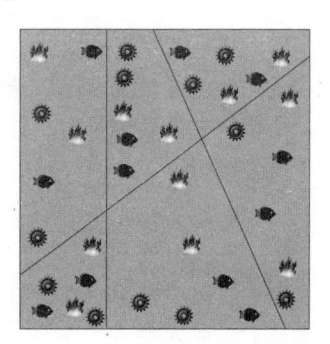

064.

5，这个方框包括：
1个1　1（1×1）
4个2　2的平方（2×2）
9个3　3的平方（3×3）
16个4　4的平方（4×4）
25个5　5的平方（5×5）
36个6　6的平方（6×6）
49个7　7的平方（7×7）

065.

D，拼图的"舌头"不是向内就是向外，它们一共有下面六种可能的组合方式：
4向外0向内，3向外1向内
2向外2向内（分为两种情况）
1向外3向内，0向外4向内
D可以使这一系列完整。

066.

B

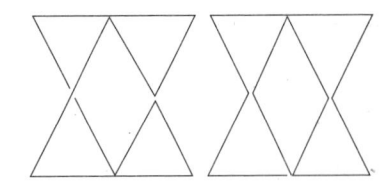

067.

房顶处所缺的数值为175。计算的规则是：（窗户处的数值＋窗户处的数值）×门上的数值。

068.

答案是B。每个数字向顺时针方向移动该数字对应的次数。

069.

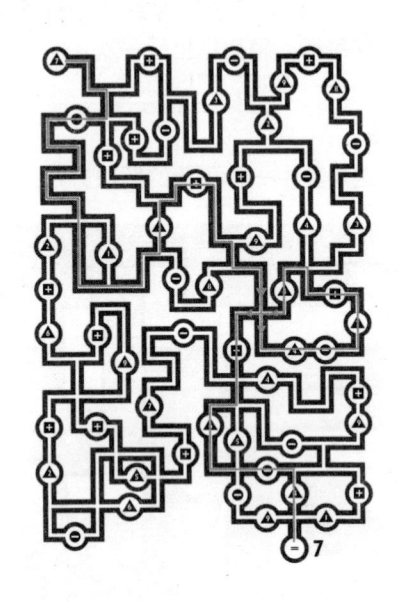

070.

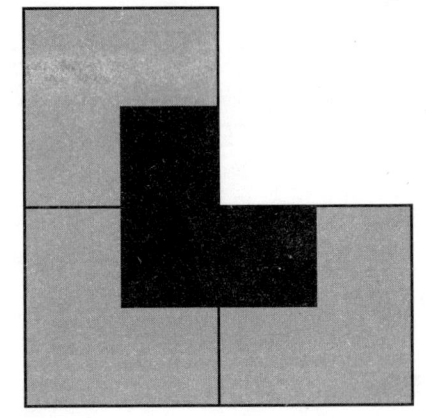

071.

C，将数字相加，直到得到一个个位数字。比如，A=9（2+9+4+3=18，1+8=9）

072.

沿 L 形的方向剪下正方形的一部分然后将其向对角翻转，令有洞的部分居于纸张中心。

073.

E，原先在圆后面的三角形移到圆的前面来，和例子中的变化正好相反。

074.

6 个，★=3, n=3/2, ○=2。

075.

解答方法大意如下：

076.

B，将显示为分钟的阿拉伯数字加在一起等于显示为小时的数字。

077.

D，D 里面包含 E、F、H 这三个字母。而其他项里面的字母在字母表中的顺序都是相连的。

078.

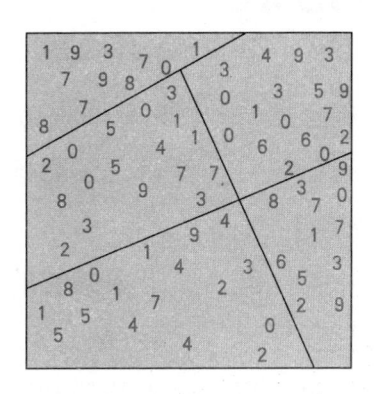

079.

D，时针都位于每个钟表的右半边，分针都位于左半边。

080.

D，每一列都是取掉前一列的最小值，然后将其剩下的数字颠倒排列而成的。

081.

往东走到"3"，再往东南走到"3"，最后向南走出迷宫。

082.

D，哪个图形中彼此接触的面最少，哪个图形的周长就最长。

083.

D，其他的图形都是对称图形。

术语表

健忘症——记忆或回想功能的部分或全部丧失。

杏仁核——些相关细胞核形成的杏仁状复合物,位于脑边缘系统或脑

中部区域。是形成感官的重要物质,主要功能可能是将感情带入记忆。

大脑皮层——由神经细胞组成的大脑最外层,约 4 英寸厚,大脑大部分高级能力集中于此。它分为两个半球和四个叶,每一个区域分管不同的任务——尤其与混合记忆存储有关。

大脑一脑部最大的组成部分,分为两个半球和四个叶——前叶、枕叶、颞叶和顶叶。

多巴胺——儿茶酚胺荷尔蒙的一种,是有力且常见的神经递质。与产生好情绪和好感觉有关。它影响着神经和心血管系统,新陈代谢速度和体温;而且被认为在运动中有一定作用。

编码——神经细胞活动将感知"封存"和连接,形成潜在记忆的过程。

错误记忆——记忆的与真实事件不同;或错认人或事。

海马体——颞叶下位于脑边缘系统中的一种月牙形结构,可能是学习能力区域。同样起到对永久记忆的巩固作用。

记忆增强——终极或额外记忆能力的现象。

神经元——两种神经细胞的一种;另一种是神经胶质。

顶叶——大脑四个主要区域的一个,位于大脑边缘,对形成视觉有重要作用。另外 3 个区域是前叶、枕叶和颞叶。

枕叶——大脑四个主要区域的一个，位于大脑顶端，对接收身体另一侧的感官信息有重要作用。对阅读、写作、语言和计算也有作用。另外3个区域是前叶、顶叶和颞叶。

颞叶——大脑中的一个主要结构，位于大脑靠耳部的中间，对听觉、语言、学习和记忆储存有重要作用。其他主要区域包括前叶、枕叶和顶叶。

丘脑——关键的感官传送站，位于脑中部区域深处。

快速拥有超级记忆力，改变自己，改变人生。